多端柔性直流输电故障
自愈技术

陆　翌　　裘　鹏　　陈　骞　　许　烽　　宣佳卓
王朝亮　　倪晓军　　丁　超　　郑　眉　　谢晔源　　编著
朱铭炼　　张　磊　　随顺科　　刘　黎　　沈佩琦
俞兴伟　　申　剑

中国电力出版社
CHINA ELECTRIC POWER PRESS

内 容 提 要

本书基于±200kV 舟山五端柔性直流输电直流断路器和阻尼恢复系统加装工程及相关研究成果撰写，系统介绍了柔性直流输电系统的直流故障特征，具有直流故障自清除能力的 MMC 变结构拓扑，阻尼快速恢复系统，高压直流断路器，舟山五端柔直阻尼快速恢复系统和直流断路器的配置、灵活运行技术、直流故障快速恢复技术、试验技术等内容。

本书可为从事柔性直流输电工程及其故障自愈相关的设计、施工、运行和检修人员，以及柔性直流电网核心设备制造、电力系统规划设计与运行管理等专业技术人员提供理论和工程指导，也可供高等院校相关专业的教师和学生学习参考。

图书在版编目（CIP）数据

多端柔性直流输电故障自愈技术 / 陆翌等编著 . —北京：中国电力出版社，2019.9
（2025.8重印）

　ISBN 978-7-5198-3732-7

　Ⅰ．①多…　Ⅱ．①陆…　Ⅲ．①直流输电－电力系统－故障修复　Ⅳ．① TM711.2

中国版本图书馆 CIP 数据核字（2019）第 211918 号

出版发行：中国电力出版社
地　　　址：北京市东城区北京站西街 19 号（邮政编码 100005）
网　　　址：http://www.cepp.sgcc.com.cn
责任编辑：穆智勇（zhiyong-mu@sgcc.com.cn）
责任校对：黄　蓓　郝军燕
装帧设计：张俊霞
责任印制：石　雷

印　　　刷：三河市万龙印装有限公司
版　　　次：2019 年 10 月第一版
印　　　次：2025 年 8 月北京第二次印刷
开　　　本：710 毫米 ×1000 毫米　16 开本
印　　　张：11.75
字　　　数：217 千字
印　　　数：1001—1500 册
定　　　价：80.00 元

前 言

当今世界范围内能源消费变革对新能源开发利用提出了迫切需求，柔性直流输电及其故障自愈技术是提升新能源并网规模、可靠性与经济性的有效手段，是目前国际上正在大力发展的前沿技术。我国已将该技术列入《能源技术革命创新行动计划（2016—2030 年)》（发改能源〔2016〕513 号），欧美国家也提出了解决可再生能源大规模接入的超级电网规划路线。

目前，国内外已投运的柔性直流输电工程多采用点对点传输方式，多端柔性直流输电故障自愈技术无经验可借鉴。直流系统具有的阻抗低、故障电流大、无自然过零点等特性，给直流故障识别、限流与开断等技术带来了巨大挑战。面对挑战，国网浙江电科院柔性直流输配电创新团队基于国家电网有限公司科技项目，结合产学研用成果，提出并实施了柔性直流输电和阻尼恢复系统加装工程，为多端柔性直流输电系统的故障自愈理论研究和关键技术开发提供创新思维和技术经验，引领柔性直流输电故障自愈技术发展，带动我国直流电网装备制造业发展，提升我国在直流输电领域国际影响力。

《多端柔性直流输电故障自愈技术》一书是国网浙江电科院柔性直流输配电创新团队创新成果的总结与提升，该书依托±200kV 舟山五端柔性直流输电直流断路器和阻尼恢复系统加装工程，系统地介绍了柔性直流输电系统的直流故障特征、具有直流故障自清除能力的 MMC 变结构拓扑、阻尼快速恢复系统、高压直流断路器、舟山五端柔直阻尼快速恢复系统和直流断路器的配置、灵活运行技术、直流故障快速恢复技术、试验技术等内容，具有丰富的实际应用成果和推广价值。

本书由陆翌担任主编，负责总体框架拟订、全书统稿等工作。陆翌、裘鹏、王朝亮编写第 1 章；倪晓军、丁超、郑眉编写第 2 章；陈骞、许烽、宣佳卓编写第 3 章；谢晔源、朱铭炼、张磊编写第 4 章；许烽、宣佳卓、倪晓军编写第 5 章；随顺科、刘黎、沈佩琦编写第 6 章；裴鹏、陆翌、丁超编写第 7 章；陆翌、裴鹏、陈骞编写第 8 章；俞兴伟、申剑、谢晔源编写第9章。

限于作者水平和时间仓促，书中难免存在不妥之处，恳请广大读者批评指正。

编著者
2019 年 9 月

目 录

1 概述

1.1 柔性直流输电技术

1.1.1 柔性直流输电的特点

随着全球能源短缺以及环境恶化问题的不断加剧，可再生能源的开发与利用逐渐受到世界各国的广泛重视。为了解决大规模清洁能源并网与消纳问题，基于电压源换流器（voltage source converter，VSC）的多端柔性直流电网技术已经成为学术界和工程界的研究热点。目前我国已建设完成舟山五端柔性直流输电工程和南澳三端柔性直流输电工程[1]，结合当前电网实际需求和多端柔性直流电网技术的应用前景，未来我国有可能开展并实施更多的基于 VSC 的多端直流及直流电网系统。

与基于电网换相换流器（line-commutated converter，LCC）的传统直流输电技术相比，基于电压源换流器的柔性直流输电技术以全控型自关断电力电子器件为核心元件，具有不存在换相失败风险、可实现有功无功功率的独立控制、不需要系统提供无功支撑、无需配置大容量滤波装置、输出电压电流谐波含量低等诸多优点。为便于知识产权保护和自有产品推广，世界上主要的设备厂商或组织对基于电压源换流器的高压直流输电技术（VSC-HVDC）有各自专用命名：Siemens 公司称之为"HVDC PLUS"，ABB 公司将其注册为"HVDC Light"，Alstom 公司称之为"HVDC MaxSine"。2006 年 5 月，由中国电科院组织召开了轻型直流输电系统关键技术研究框架研讨会，与会专家，一致建议将基于 VSC 的新型直流输电技术统一称为"柔性直流输电（HVDC Flexible）"，本书沿用这一称谓[2~5]。

1.1.2 柔性直流输电的发展

1983 年，由日本学者赤木泰文等人创立的瞬时无功功率理论，为以电力电子器件为核心的装置运行控制奠定了理论基础。1990 年，加拿大麦吉尔大学 Boon-teckOoi 等学者首次提出采用 PWM 技术控制 VSC 进行直流输电的概念。基于以上理论基础，1997 年 ABB 公司率先在瑞典成功完成了 ±10kV 柔性直流输电工业试验。随后，1999 年世界上首个商业运营的柔性直流工程（瑞典 Gotland 工程）投入使用，开启了柔性直流输电时代。根据换流器拓扑结构和控制调制技术的发展变化，可将柔性直流输电技术划分为两代。第一代以 ABB 公司的技术路线为代表，换流器结构多采用两电平或三电平结构，调制方式多为正弦脉宽调制（Sinusoidal PWM，SPWM）或优化的脉宽调制（Optimized PWM，OPWM）。第二代以 Siemens 公司的技术路线为代表，换流器拓扑分别为模块化多电平换流器（Modular Multilevel Converter，MMC）和级联型两电平换流器（Cascaded Two-Level Converter，CTL），调制方式一般采用最近电平逼近控制（Nearest Level Control，NLC）策略。表 1-1 列出了上述两代技术的典型工程。

表 1-1   **柔性直流技术及其典型工程**

	拓扑技术	典型工程	投运时间（年）	拓扑结构	调制方式	开关频率（Hz）	损耗（%）
第一代	HVDC Light	Gotland	1999	两电平	SPWM	1950	3
		Eagle Pass	2000	三电平	SPWM	1500	2.2
		Estlink	2006	两电平	OPWM	1150	1.4
第二代	HVDC Plus	Trans Bay	2010	MMC	NLC	～150	～1
	HVDC Flexible	上海南汇	2011	MMC	NLC	～150	～1
	HVDC MaxSine	SuperStation	2014	MMC	NLC	～150	～1
	HVDC Light	Dolwin 2c	2015	CTL	NLC	～150	～1

第一代柔性直流输电技术采用两电平换流器和三电平换流器，典型拓扑如图 1-1 所示。这两种拓扑结构简单，但存在如下缺点：①通过大量 IGBT 串并联的方式来提高电压等级与输送容量，由于单个 IGBT 元件的开断时间、伏安特性等存在差异，由此引发的器件触发不一致、动态均压、电流均衡、电磁兼容等问题难以解决；②开关调制算法普遍采用 PWM 技术，器件的开关频率较高（一般在 1000～2000Hz），稳态运行时开关损耗较高（1.5%～3%）；③换流器电平数低，逆变后交流输出电压谐波畸变率高，难以直接并网，通常需要配置一定容量的交流滤波器。这些缺点成为制约第一代柔性直流输电技术发展的关键因素。

两电平或三电平换流器难以达到高电压大容量的要求，具有分散性、小型性、随机性等能量变化特点，通常应用在风电、光伏清洁新能源并网、城市群输配电增容改造和海上岛屿或石油钻井平台孤立负荷送电等场合。

(a) 两电平换流器拓扑结构

(b) 二极管箝位三电平换流器拓扑结构

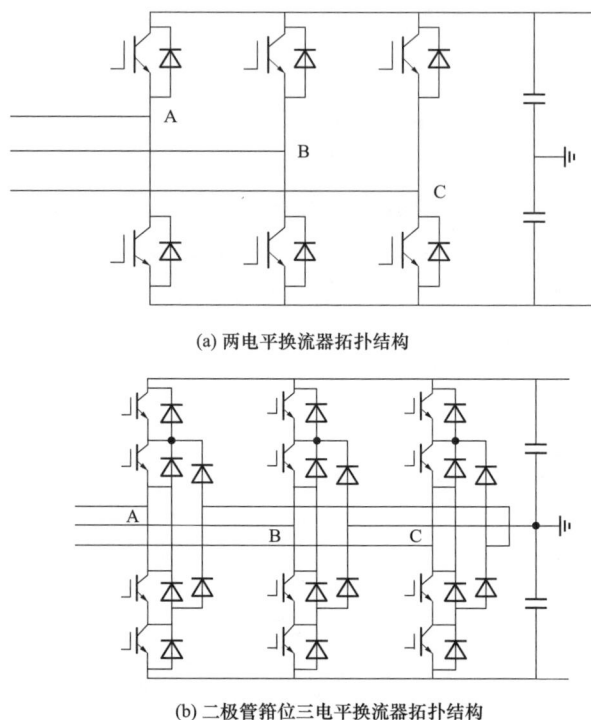

图 1-1　传统两电平和三电平换流器拓扑结构示意图

　　为解决第一代柔性直流输电技术缺陷，2001 年德国慕尼黑联邦国防军大学学者 Rainer Marquardt 提出了基于新型换流器拓扑——模块化多电平换流器（MMC）的第二代柔性直流技术。如图 1-2 所示，MMC 结构以半桥子模块为基本功率单元，采用半桥子模块级联的方式构成三相六桥臂。这种拓扑结构设计消除了传统两电平换流器固有的器件串联均压、一致性触发等问题，制造运行难度大大降低。MMC 结构单个桥臂由数量巨大的半桥子模块级联而成，例如美国 Trans Bay 柔性直流工程单个桥臂含有 216 个半桥子模块、西班牙—法国联网柔性直流输电工程子模块数量超过 400 个，换流器输出电压波形质量优良，电压畸变率低，无需安装交流滤波器、节省占地。优化的调制方式可使得器件开关频率降低到 150Hz 左右，运行损耗大幅下降至约 1% 甚至更低。此外，MMC 的优点还体现在可模块化设计安装和维护、便于系统扩容增压和冗余配置等方面。ABB 公司所推出的基于两电平子模块级联的 CTL 拓扑本质上与 MMC 一致，主要区别在于前者子模块内采用串联压装型 IGBT，并在桥臂上配置谐波滤波器以抑制环流。

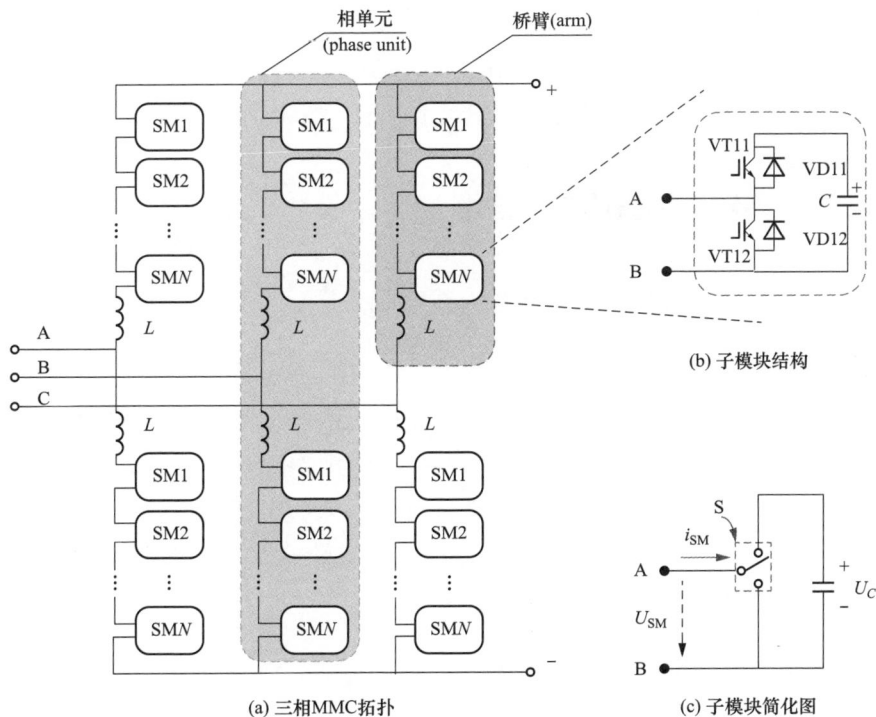

相单元
(phase unit)

桥臂(arm)

(b) 子模块结构

(a) 三相MMC拓扑

(c) 子模块简化图

图 1-2　模块化多电平换流器

图 1-3 给出了柔性直流工程电压等级和输电容量的发展变化，从中可看出，目前柔性直流工程正在向高电压、大容量的方向发展。然而，高压大容量 IGBT 制造工艺和大量器件串并联均压均流等技术难度高，只有 ABB 公司掌

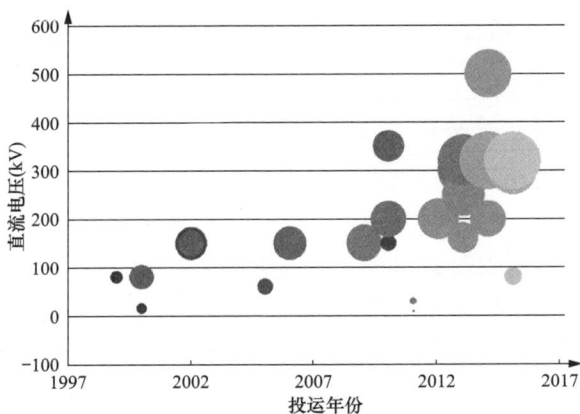

图 1-3　柔性直流工程电压等级和输送容量的发展变化

握相关核心技术，所以 2010 年以前第一代柔性直流输电工程均由 ABB 公司承建。2010 年 Siemens 公司在旧金山设计建造了第一个基于 MMC 的高压直流工程（MMC-HVDC），开启了第二代柔性直流技术快速发展阶段[6~10]。

1.2 多端柔性直流输电技术

1.2.1 电压源型多端柔性直流输电简介

电压源型多端柔性直流输电系统（VSC-MTDC）是基于电压源换流器的含有 3 个及以上换流站的柔性直流输电系统。相比于两端柔性直流输电系统，多端系统能够实现多电源和多负荷的同时接入，使得分布式新能源的消纳和孤岛联网等更易实现。与采用电流源型换流器构成的多端直流输电系统（LCC-MTDC）相比，VSC-MTDC 具有不存在换相失败、无需无功补偿装置、潮流反转便利等优势[11]。

1.2.2 多端柔性直流输电拓扑结构

1. 串联型

串联型 VSC-MTDC 拓扑结构如图 1-4 所示，单个换流站单回线进出，若忽略泄漏电流，则整个直流网络直流电流相同。选取其中容量最大的换流站作为主换流站，主换流站必须采用定电流模式以控制整个直流系统的电流，保证系统的稳定运行。其余几个换流站则采用定功率模式，从而实现系统功率的分

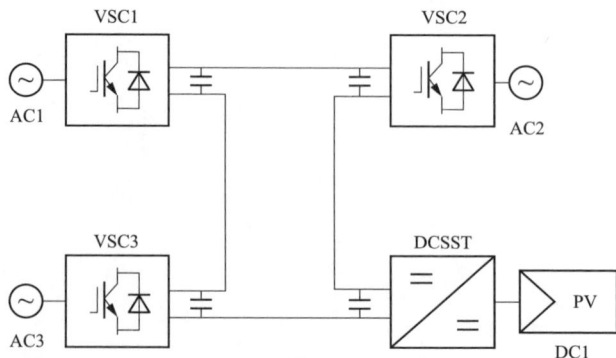

图 1-4 串联型 VSC-MTDC 拓扑结构图

配。串联型多端柔性直流输电系统通过旁路单换流站即可实现该换流站的故障隔离，同时无需更改接线方式，即可快速实现潮流反向控制。但串联型多端柔性直流输电系统功率分配需要改变直流电压，因此功率调节范围较小，且不同部分的绝缘配合较复杂、系统扩展性较差。同时，由于换流站并联电容的影响，输电系统的协调控制较复杂。该结构较多地用于基于 LCC 的特高压直流输电系统。

2. 并联型

并联型多端柔性直流输电系统的各换流站之间采用并联方式连接，各换流站运行在同一电压等级，其拓扑结构如图 1-5 所示。主要结构包括星型式、环网式和网络式。并联型 VSC-MTDC 需要选定某一换流站采用定电压控制模式，控制整个直流线路的电压。由于不同换流站之间电压相同，各换流站的功率分配通过控制电流实现。与串联型 VSC-MTDC 相比，并联型 VSC-MTDC 功率调节范围较大，有功功率损耗较小，故障恢复能力较快，各换流站绝缘配合容易，系统具有较好的可扩展性，但系统可靠性较差，故障切除能力较弱，且成本较高[12~15]。

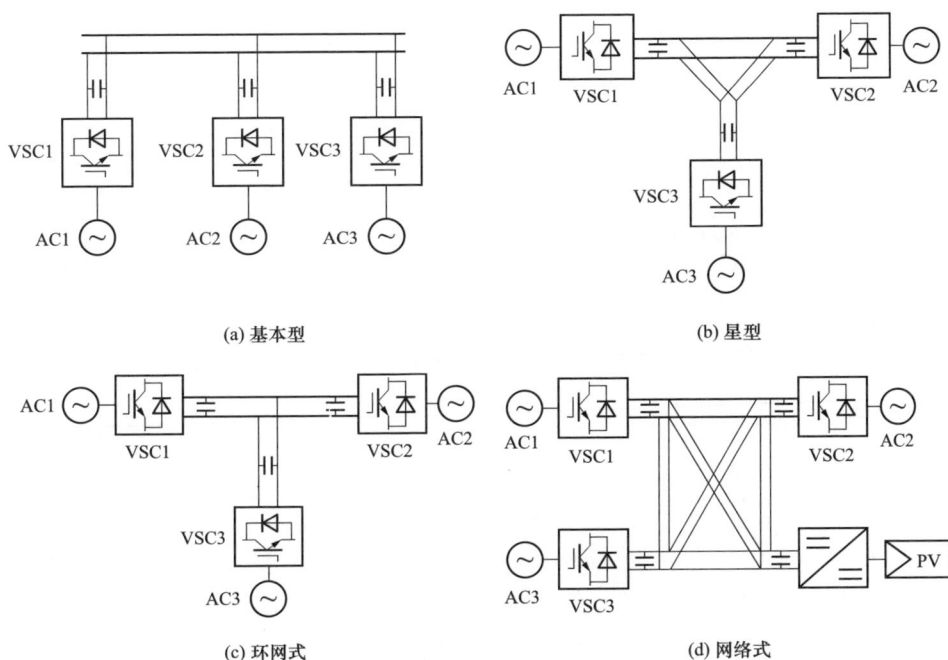

(a) 基本型　　(b) 星型　　(c) 环网式　　(d) 网络式

图 1-5　并联型 VSC-MTDC 拓扑结构图

3. 混合型

串联型 VSC-MTDC 与并联型 VSC-MTDC 存在各自的优势与不足,将两种结构结合即为混合型 VSC-MTDC,其拓扑结构如图 1-6 所示。混合型 VSC-MTDC 结合了串联型与并联型的优点,接线灵活,可扩展性更强且输电可靠性更好,但系统结构较为复杂,输电成本较高。对于一些特殊的运行场合,可采用混合型 VSC-MTDC 结构[6]。

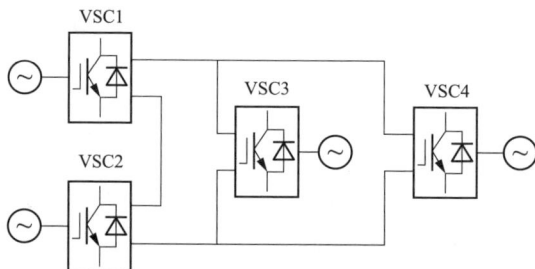

图 1-6　混合型 VSC-MTDC 拓扑结构图

1.2.3　多端柔性直流输电的研究现状

多端柔性直流输电系统作为直流电网的初始阶段,国内外对多端柔性直流输电的研究呈现上升趋势。目前国内的多端柔性直流输电工程有:

(1) 南澳三端柔性直流输电示范工程:广东汕头南澳岛上的青澳、金牛两个换流站与汕头澄海区塑城换流站互联形成三端柔性直流输电工程,于 2013 年 12 月投运,额定电压±160kV,额定容量 200MW。工程实现了远距离大容量柔性直流输电、大规模多风电场电源接入、多直流馈入、偏远孤岛系统供电,掌握了多端柔性直流输电成套设计、试验、调试和运行全系列核心技术,推动直流输电技术发展。

(2) 浙江舟山±200kV 五端柔性直流输电工程(简称舟山工程):含五座换流站(舟定站 400MW、舟岱站 300MW、舟衢站 100MW、舟洋站 100MW、舟泗站 100MW),四回直流海缆(总长 141×2km),于 2014 年 7 月正式投运,是当时世界上电压等级最高、换流站端数最多的多端柔性直流工程。工程的投运实现了舟山北部地区偏远岛屿间、岛屿与城市的电能互联与配合,同时为国家级新区——舟山群岛新区的快速发展提供了坚强电能保障。工程极大地提高了我国电网的整体科技含量，增强了我国柔性直流输电产业的国际竞争力，推动了柔性直流及海洋输电技术的发展。

（3）张北四端柔性直流电网工程：四端分别为张北站、康保站、丰宁站和北京站，其中张北站、康保站作为送端换流站汇集了周边风电、光伏等大量清洁能源，丰宁站作为调节换流站接入大规模抽水蓄能电站，北京站为受端换流站。工程电压等级±500kV，最大输送功率可达 3000MW，首次采用架空线路实现输电，线路总长约 648km，是世界首个柔性直流电网示范工程。工程预计 2019 年投运。

国外的多端柔性直流输电工程有：美国在建的 Tres Amigas Superstation 三端背靠背柔性直流输电工程，用以实现东部、西部和得克萨斯州电网三大电网的互联；瑞典到挪威在建的 South West Link 三端柔性直流输电工程，连接挪威奥斯陆电网和瑞典西海岸地区电网，实现两地区电网的互联，增强两地区之间的电力传输以及电力传输的灵活性[17]。

1.2.4 多端柔性直流输电技术面临的问题

目前在建或投运的多端柔性直流输电工程桥臂大多采用半桥子模块组成的模块化多电平结构（见图 1-2），这种结构的换流阀发生直流短路故障时，子模块电容会向直流短路故障点放电，如图 1-7（a）所示，故障点会出现较大故障电流；当换流阀闭锁之后，交流系统也会向故障点放电，直流短路故障将会影响交流系统，如图 1-7（b）所示。因此，半桥式子模块拓扑的 MMC 柔性直流换流阀不具备清除直流电流故障的能力。

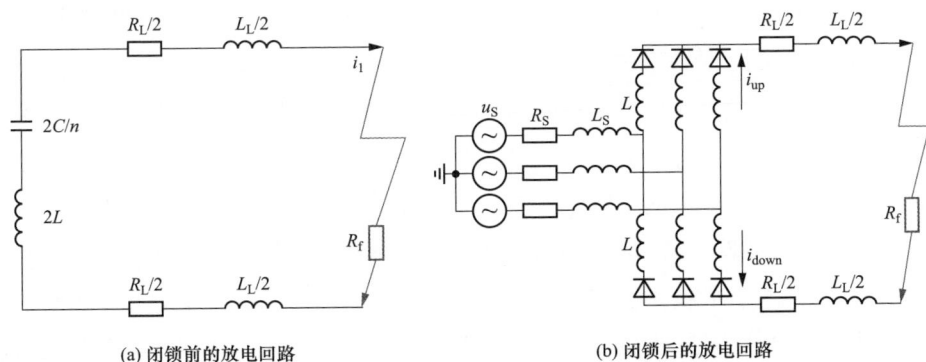

(a) 闭锁前的放电回路   (b) 闭锁后的放电回路

图 1-7 半桥式子模块换流阀直流短路故障示意图

由于基于半桥子模块的 MMC 换流阀不具备直流故障自清除能力，一旦发生任意点直流线路故障，无法实现故障站单站隔离，需要整个直流系统全停。而重新启动时需要向子模块充电，时间需要 2h 以上，导致多端柔性直流输电系统不具备直流故障自清除能力和换流站在线灵活投退能力，极大影响了系统运行的可靠性和灵活性，严重阻碍了多端柔性直流输电系统向直流电网的发展。

目前，解决上述问题的主要技术路线有 3 种：①多端直流输电线路加装直流断路器，当发生线路直流故障时，通过分断直流断路器实现故障线路与故障换流站的隔离；②研究具备直流故障自清除能力的新型换流阀拓扑结构；③通过对桥臂加装桥臂阻尼器，实现故障电流快速隔离与清除，从而实现直流系统快速重启动。需要通过研究上述三种技术路线，实现多端柔性直流输电系统向直流电网的发展[18~22]。

1.3 直流电网技术

1.3.1 直流电网概述

柔性直流输电技术发展的最高级形态为构建直流电网。2010 年瑞典学者 Drik Van Hertem 首次提出网状拓扑结构的直流电网的概念，对各直流端直接互联且互为备用。2012 年国际大电网会议针对直流电网技术成立了多个工作组，对直流电网的前期理论基础技术、工程可行性分析、发展规划等方面展开了深入探讨与研究。

直流电网输电具有以下优点：①输送相同容量情况下，可以大幅度减少换流站数量，每一个交流电网连接点只需设置一个换流站，减少建设投资成本和输送损耗；②采用直流连接方式的电网中所有换流站都能够在发送端与接收端自由转换，且不影响其他换流站；③直流电网相对于直流输电更加稳定可靠，单线路停运与检修不会影响整个直流电网。

随着电力装备技术的不断进步与突破，ABB 公司于 2012 年 11 月宣布在高压直流断路器领域取得突破性进展，制造出了世界上第一台高压直流断路器，解决了直流电网输电技术存在的关键性问题。2016 年，世界上首台 200kV 混合式高压直流断路器在舟山五端柔性直流工程中成功投运，标志着我国对直流电网研究迈出了重要一步。此外，世界首个具有网络状拓扑结构的柔性直流电网工程张北四端柔性直流输电工程已于 2018 年 2 月开工建设。

1.3.2 直流电网拓扑结构

多端直流输电系统严格来说并不具备网络状拓扑，它是从单个交流系统引出多个换流站，通过多个换流站连接不同交流系统，是一个没有网状结构和冗余设计的系统。当任意线路或换流站发生故障时，故障线路和该线路两侧换流站都会停运，系统可靠性较低。

如果将直流侧的直流线路相互连接起来，形成一对多或多对一的结构，就形成了真正的具有网格状结构的直流电网，如图 1-8 所示。交流系统可直接通过单换流站与直流电网连接，同时，接入单个换流站的直流线路通过直流断路器连接。

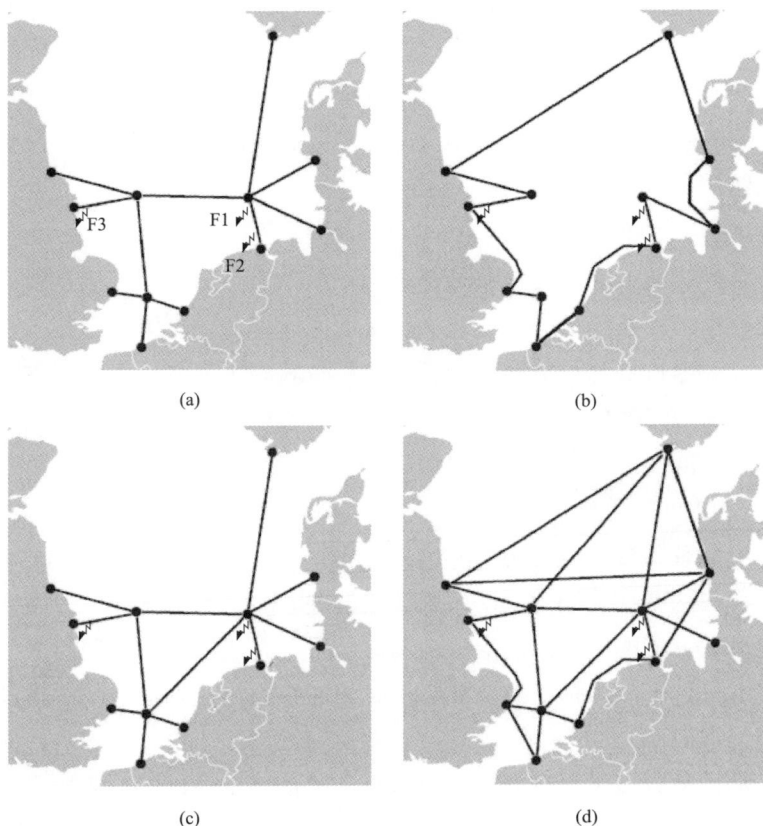

(a)

(b)

(c)

(d)

图 1-8　直流电网架构

1.3.3 直流电网技术面临的问题

在直流故障发生后快速识别故障类别，准确定位故障区间，迅速切断故障设备，确保剩余网络的安全运行，是保障直流电网供电可靠性的关键。相较于传统交流系统，柔性直流电网保护实现难度大，其中保护的选择性是核心技术难点之一。直流电网技术面临的问题主要有：

1. 交流保护原理在柔性直流系统中的适用性

柔性直流系统相对于传统交流系统在故障保护方面的困难主要表现在如下几个方面：①故障电流上升速度快，一般在故障发生 10ms 内故障电流迅速上升到稳态电流；②稳态短路故障电流大，其稳态短路故障电流一般可达到额定电流的数十倍；③故障电流没有过零点，断路器熄弧困难；④对保护的速断性要求极高，设备允许通过的故障电流时间一般要求在 5ms 以内，否则会严重危害设备安全，而交流一般在 50ms 及以上。因此，直流电网对保护的要求的比交流系统高一个数量级以上。为了保护设备与电网的安全稳定运行，达到快速定位并切除故障的目的，沿用交流电网继电保护的原理与思路已很难满足柔性直流系统的要求。

2. 多端柔性直流电网线路保护的独特性

多端柔性直流电网具有网格拓扑结构，相对于点对点式多端直流供电，柔性直流电网由于结构复杂导致线路保护难度大大增加。直流线路直接在直流场间互连，平波电抗器和直流滤波器等一次设备装设于换流站出口，直流线路之间不存在任何边界元件。因此，点对点直流系统中采用的边界元件保护在柔性直流电网中只能区分故障来源，而无法实现线路故障的可靠识别。

3. 直流电网高压直流断路器

直流电网有两种基本的构网方式：

第一种构网方式采用基于半桥子模块的 MMC 加直流断路器方案，适用于端数任意多的直流电网。采用这种构网方式时，直流线路故障期间通常要求换流站继续运行，不能闭锁，故障线路由直流断路器快速切除，其故障处理原则与交流电网类似。

第二种构网方式采用具有直流故障自清除能力的 MMC，例如采用基于全桥子模块的 MMC，但无需直流断路器。这种构网方式适用于端数小于 10 的小规模直流电网。

对于第一种构网方式，直流断路器成为直流电网的关键性元件[23~25]。图 1-9 所示为直流断路器开断故障电流模型。

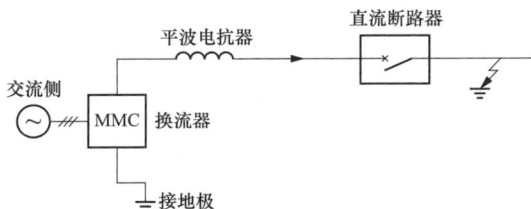

图 1-9　直流断路器开断故障电流模型

目前高压直流断路器构造方案主要集中于三种，分别是基于常规开关的传统机械型直流断路器、基于纯电力电子器件的固态直流断路器和基于二者结合的混合型直流断路器。

参考文献

[1]　刘高任，徐政，张哲任，等. 适用于远距离大容量架空线输电的交叉型子模块拓扑 [J]. 电力系统自动化，2016，21 (40)：105-111.

[2]　王潇，蓝海波，吴林林，等. 含柔性直流电网的交直流网络潮流计算方法综述 [J]. 华北电力技术，2017，11 (10)：1-6.

[3]　徐政，薛英林，张哲任. 大容量架空线柔性直流输电关键技术及前景展望 [J]. 中国电机工程学报，2014，29 (34)：5051-5063.

[4]　易荣，岳伟，张海涛，等. 多端柔性直流输电系统中混合运行方式分析 [J]. 电网与清洁能源，2014，12 (30)：21-27.

[5]　乐波，梅念，刘思源，等. 柔性直流输电技术综述 [J]. 电网技术，2014.5：43-48.

[6]　薛英林，徐政. C-MMC 直流故障穿越机理及改进拓扑方案 [J]. 中国电机工程学报，2013，33 (21)：63-72.

[7]　朱瑞可，李兴源，应大力. VSC-MTDC 互联系统频率稳定控制策略 [J]. 电网技术，2014，38 (10)：2729-2735.

[8]　吴瀚俊，刘海涛. 大型风电基地多端 VSC-HVDC 系统综述 [J]. 南京工程学院学报（自然科学版），2014，12 (4)：16-22.

[9]　李斌，何佳伟，冯亚东，等. 多端柔性直流电网保护关键技术 [J]. 电力系统自动化，2016，40 (21)：2-13.

[10]　姬煜轲，赵成勇，李承昱，等. 含新能源接入的柔性直流电网启动策略及仿真 [J].

电力系统自动化，2017，41 (4)：98-106.

[11] 张哲任，徐政，薛英林. 基于分段解析公式的 MMC-HVDC 阀损耗计算方法 [J]. 电力系统自动化，2013，37 (15)：109-118.

[12] 郭子轩，韩永霞，赵宇明，等. 基于柔性直流的配电系统关键设备暂态电流研究 [J]. 高电压技术，2017，43 (4)：1280-1290.

[13] 张心怡，韩学山，孙东磊，等. 节点电压为状态变量的交直流电网潮流算法 [J]. 电网技术，2017，41 (5)：1484-1492.

[14] 李泓志，贺之渊，杨杰，等. 模块化多电平换流器操作过电压分析 [J]. 高电压技术，2017，43 (4)：1144-1152.

[15] 赵国亮，赵鹏豪，赵成勇，等. 模块化多电平换流器子模块拓扑结构对比分析 [J]. 华北电力大学学报，2015，42 (3)：15-22.

[16] 范彩云，韩坤，甄帅，等. 全桥型 MMC 充电特性分析及软启动优化策略 [J]. 电气传动，2017，47 (1)：36-42.

[17] 徐政，刘高任，张哲任. 柔性直流输电网的故障保护原理研究 [J]. 高电压技术，2017，43 (1)：1-8.

[18] 魏晓光，高冲，罗湘，等. 柔性直流输电网用新型高压直流断路器设计方案 [J]. 电力系统自动化，2013，37 (15)：95-103.

[19] 张建坡，田新成，颜湘武. 适用于架空线路的双极混合 MMC-HVDC 拓扑 [J]. 电力系统自动化，2017，41 (5)：93-100.

[20] 王江天，王兴国，马静，等. 双极 MMC-HVDC 系统故障限流及换流器快速重启策略研究 [J]. 中国电机工程学报，2017，37：21-30.

[21] 许烽，江道灼，虞海泓，等. 一种 H 桥型高压直流断路器的拓扑结构和故障隔离策略研究 [J]，浙江电力，2016，35 (12)：5-12.

[22] 康成，吴军辉，钟建英，等. 一种含限流限压功能的混合式直流断路器方案 [J]. 中国电机工程学报，2017，37 (4)：1037-1046.

[23] 李英彪，卜广全，王姗姗，等. 张北柔直电网工程直流线路短路过程中直流过电压分析 [J]. 中国电机工程学报，2017，37 (12)：3391-3401.

[24] 刘黎，沈佩琦，杨勇. 等. 舟山多端柔性直流输电系统换流阀技术 [J]. 浙江电力，2018，37 (11)：16-23.

[25] 薛英林，徐政，张哲任，等. 子模块故障下 C-MMC 型高压直流系统的保护设计和容错控制 [J]. 电力自动化设备，2014，34 (8)：89-98.

2 柔性直流输电系统的直流故障分析

2.1　柔性直流输电系统直流故障特性

目前，在建或者投运的柔性直流工程多采用模块化多电平换流器结构 MMC，其单个子模块（sub module，SM）拓扑结构主要由半桥子模块组成，如图 2-1 所示。

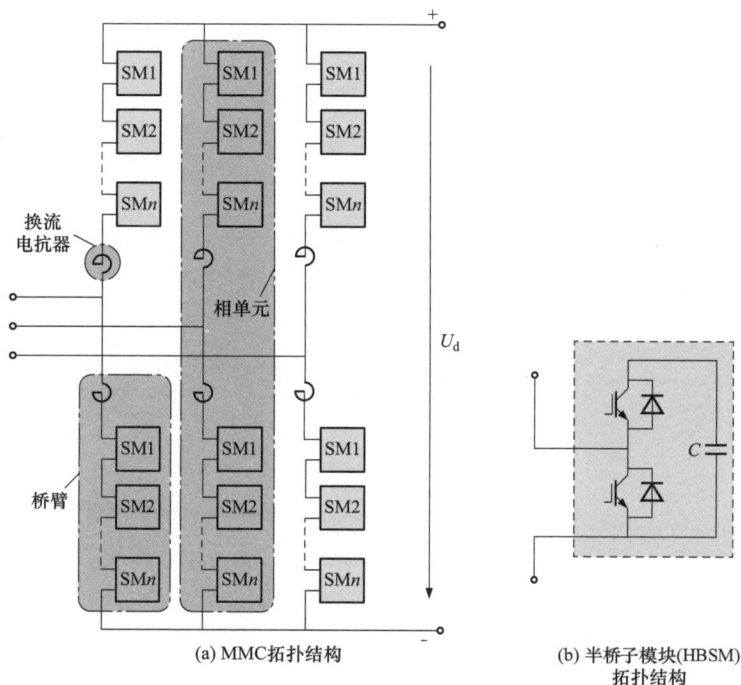

图 2-1　模块化多电平换流器及子模块拓扑结构

在柔性直流输电系统中，如果直流侧发生故障，故障电流存在两个回路：①电容放电通路；②交流系统馈能通路。即使闭锁换流器，故障电流仍可通过换流器桥臂中的反向并联续流二极管与交流系统构成电流回路，导致无法清除故障电流。柔性直流输电由于采用的是全控器件，无法单纯通过换流器控制来清除直流侧故障。

相比采用地下电缆的工程，采用架空线的柔性直流输电系统由于线路暴露在外，更容易发生短路、闪络等暂时性故障。

最直接的想法是借助交流断路器切断故障电流。然而开断交流断路器属于机械动作，响应速度慢，最快动作时间一般在 50ms 及以上，开断期间开关器件仍存在过电压、过电流的风险，需要采取必要措施降低过电压、过电流风险，如采取提高器件和设备额定参数、增大桥臂电抗以限制故障电流上升率、MMC 子模块并联快速旁路开关等辅助性措施，但又大幅度提高了系统成本。并且待故障清除后，重启系统时各设备配合动作时序复杂、系统启动时间较长。

目前，一、二代换流器拓扑存在无法单纯依靠换流器动作完成直流侧故障电流清除的固有缺陷，导致几乎所有的柔性直流输电工程都采用性能稳定故障率低但造价高昂的直流电缆线路输电，以降低直流线路故障发生率，这大幅提高了工程整体造价。

相比于交流电网，直流电网的阻尼较低，其故障发展更快，控制保护的难度更大，因此直流侧故障下的生存能力成为评估直流电网性能的重要指标。直流故障下传统拓扑结构的故障电流回路如图 2-2 所示，从直流侧短路故障发生到清除的过程根据换流站的状态可分为闭锁前和闭锁后两个阶段。

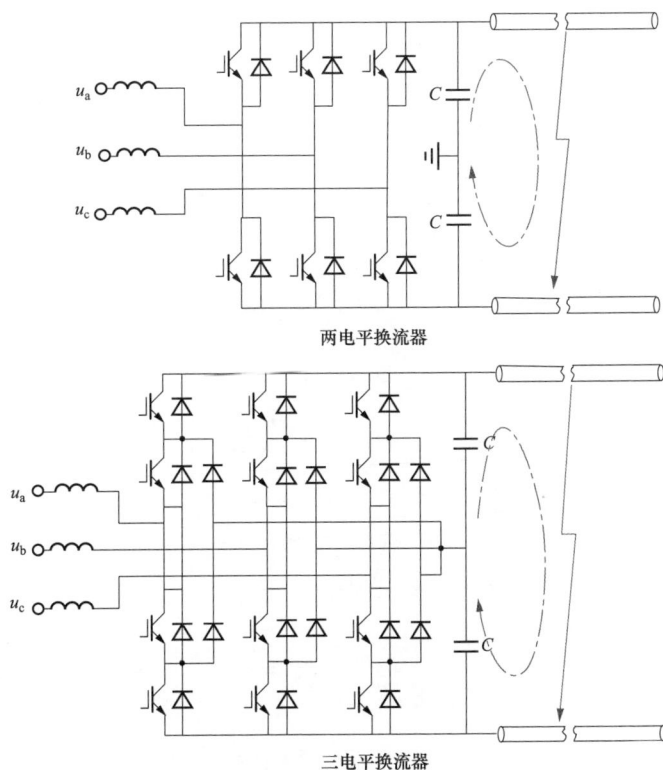

两电平换流器

三电平换流器

图 2-2　直流故障下传统拓扑结构的等效电路（一）

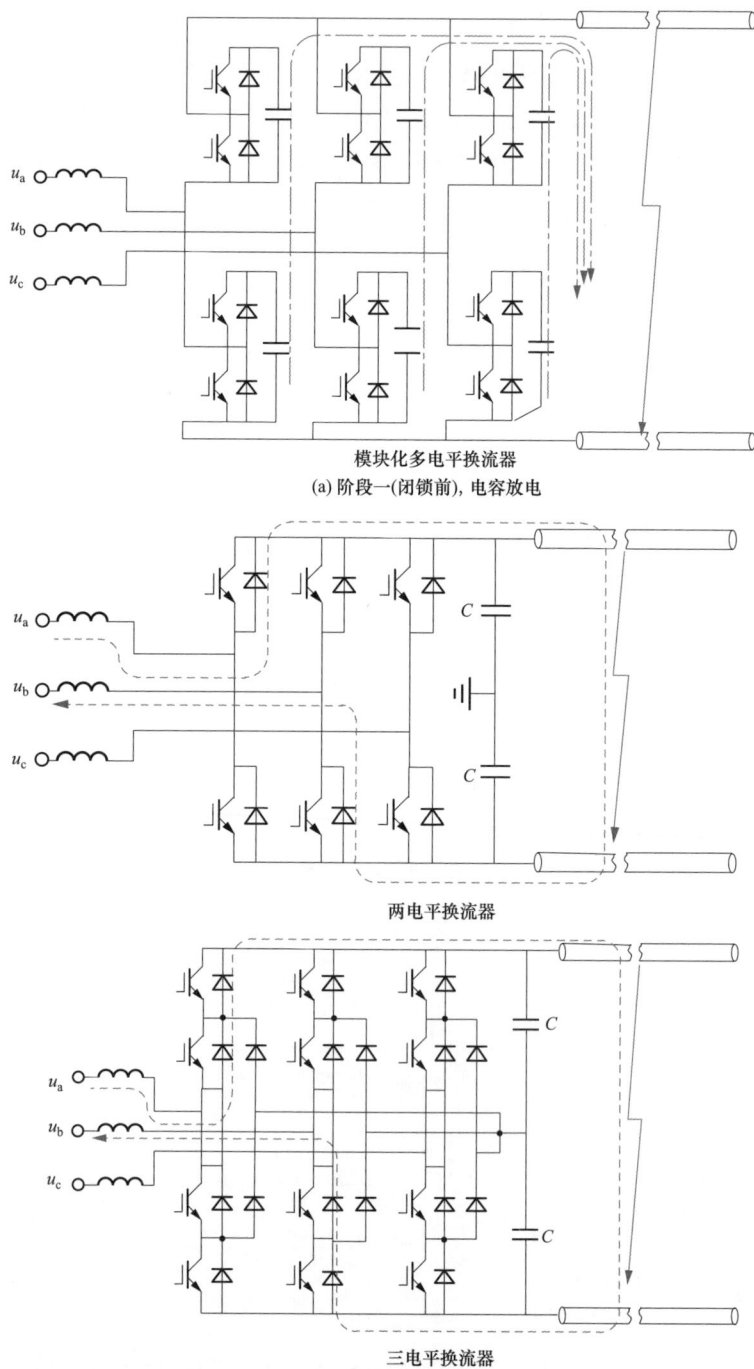

模块化多电平换流器

(a) 阶段一(闭锁前), 电容放电

两电平换流器

三电平换流器

图 2-2　直流故障下传统拓扑结构的等效电路（二）

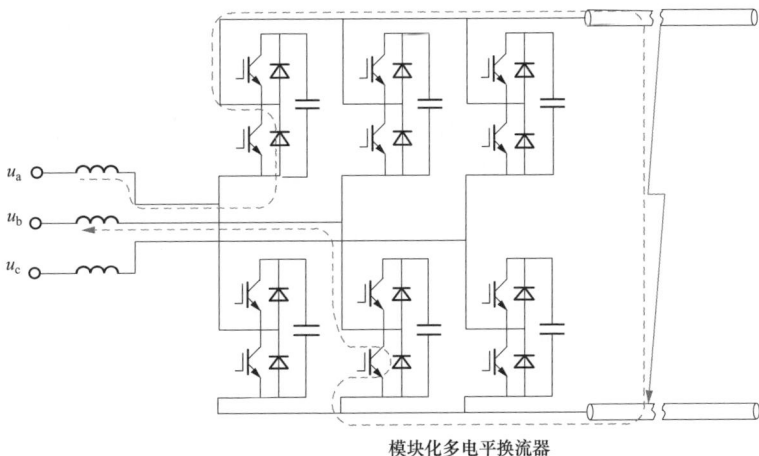

模块化多电平换流器

(b) 阶段二(闭锁后)，交流系统通过二极管向直流馈能

图 2-2　直流故障下传统拓扑结构的等效电路（三）

（1）闭锁前，两代拓扑的故障电流通路均有两路：一是电容放电通路；二是交流系统馈能路径（开关器件仍按照正常调制策略触发）。其中，电容放电电流占故障电流的主导成分。故障发生后直流故障电流迅速上升，模块电容通过 IGBT 形成回路放电导致电压下降。两电平换流器的电容均分布在直流侧，电容放电时间短，故障电流很大。对采用 MMC 结构的柔性直流输电，桥臂电抗器可以在一定程度上限制故障电流的上升率，同等情况下比两电平换流器放电电流小。

（2）闭锁后，两电平、三电平拓扑的故障通路仍有电容放电路径（直至电容能量全部泄放）和交流系统馈能路径两路，其中后者是由换流器内部两相上桥臂（或下桥臂）的子模块反并联续流二极管、直流故障弧道构成的故障通路。MMC 闭锁后只有交流故障馈能路径，由于二极管箝位作用子模块电容不会放电，所以 MMC 的直流故障特性相比于第一代拓扑有所改善。

柔性直流输电系统在直流故障下的特性为：①对直流系统（或换流器本身），故障过电流对系统的设备安全影响很大；②对所连交流系统，直流故障期间换流器所呈现的闭锁特性，对于交流系统而言相当于发生交流三相短路故障，这对系统稳定性造成不利影响。

以 MMC 为例，分析两阶段的故障机理如下。第 1 阶段为换流器的子模块直流电容放电阶段，其等效电路如图 1-7（a）所示。在此阶段，子模块电容、示，此时存在电抗续流回路和交流系统通过反并联二极管馈流回路两个电流回路。续流初始电流衰减到 0 以前，上、下桥臂的反并联二极管一直导通。设交流系统电压为 $u_s = \sqrt{2}\sin(\omega_s t)$，$\omega_s$ 为交流系统角频率，且第 2 阶段起始时（即换流器闭锁时）的回路电流为 I_1，不考虑二极管的非线性，则上、下桥臂电流分别为

$$\begin{cases} i_{2up}(t) = -\sqrt{2}U_s/(2|Z|)\cos(\omega_s t + \gamma) + I_1 e^{-t/\tau_2} \\ i_{2down}(t) = \sqrt{2}U_s/(2|Z|)\cos(\omega_s t + \gamma) + I_1 e^{-t/\tau_2} \end{cases} \tag{2-4}$$

其中，$\tau_2 = \dfrac{2L+L_L}{R_L+R_f}$；$|Z| = \left\{ \left(R_s + \dfrac{R_L+R_f}{4}\right)^2 + \left[\omega_s\left(L_s + \dfrac{L}{2} + \dfrac{L_L}{4}\right)\right]^2 \right\}^{1/2}$；

$\gamma = -\arctan\dfrac{\omega_s(L_s + L/2 + L_L/4)}{R_s + \dfrac{R_L+R_f}{4}}$。

续流电流衰减到 0 后，桥臂电流出现反向，桥臂电流出现直流偏置，$R_s = R_L = R_f = 0$ 时直流偏置最严重，因此桥臂电流表达式为

$$\begin{cases} i_{3up}(t) = \dfrac{\sqrt{2}U_s}{2\omega_s\left(L_s + \dfrac{L}{2} + \dfrac{L_L}{4}\right)}\left[1 - \cos(\omega_s t)\right] \\ i_{3down}(t) = \dfrac{\sqrt{2}U_s}{2\omega_s\left(L_s + \dfrac{L}{2} + \dfrac{L_L}{4}\right)}\left[1 + \cos(\omega_s t)\right] \end{cases} \tag{2-5}$$

直流侧双极短路故障的电流曲线如图 2-3 所示。故障发生瞬间，由于子模块直流电容放电，系统交流侧电流、直流线路故障点电流以及桥臂电流都瞬间增大。故障电流增大的幅值受桥臂电抗值以及等效电路阻抗值等参数影响，一般情况下，系统的故障电流幅值远大于换流器允许的通流值。

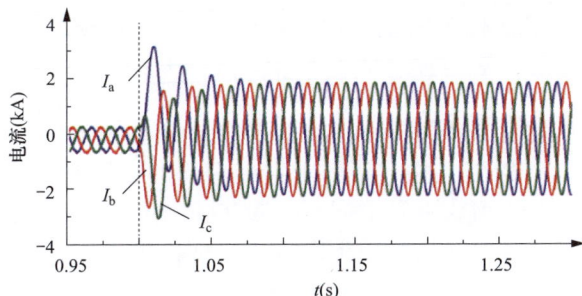

(a) 交流电流

图 2-3 直流侧双极短路故障电流曲线图（一）

(b) 直流线路电流

(c) 桥臂电流

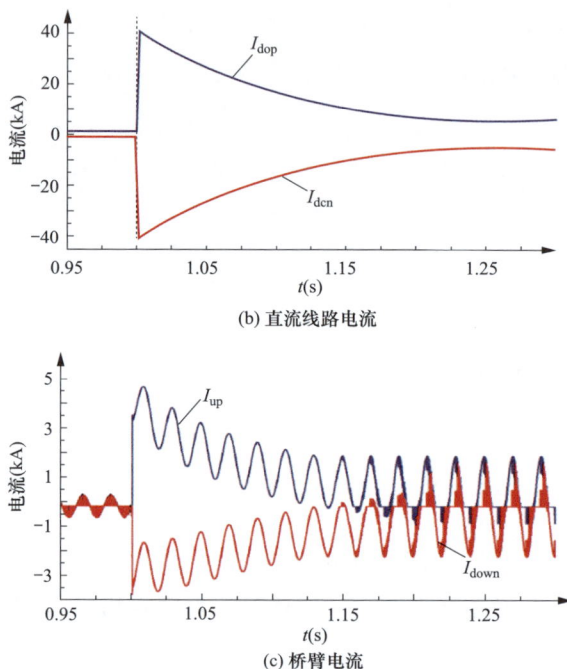

图 2-3　直流侧双极短路故障电流曲线图（二）

当发生直流侧双极短路故障时，柔性直流输电系统中包含的换流站越多，则故障点被注入的短路电流上升速度越快、幅值越大，将瞬间影响整个直流系统的稳定运行。因此多端柔性直流输电系统或者直流电网对于柔性直流输电系统的直流侧故障清除方法提出了更高要求。

在以半桥型子模块为主流的柔性直流工程中，会在子模块下管反并联一只旁路晶闸管，其主要功能是保护子模块下管 IGBT 的反并联二极管。在直流侧短路故障发生后，短路电流将通过子模块的二极管进行流通。该电流一般会超过二极管的额定电流，二极管会产生大量热量，较高的热应力还有可能导致功率器件损坏。由于二极管为不可控器件，无法进行关断，需采取其他措施来降低这个应力造成的影响。利用晶闸管的通态电阻小于 IGBT 续流二极管的通态电阻这一特点，在功率模块下管 IGBT 两端并联一个晶闸管，则在系统发生直流侧短路故障后，触发导通该晶闸管可以对二极管的故障电流进行分流，从而保护二极管不至损坏。

2.2 现有直流故障清除策略

基于半桥子模块结构的 MMC 换流器无法隔离直流故障，而基于具有故障清除能力的子模块的 MMC 换流器能够隔离直流故障。为了实现基于半桥子模块结构的 MMC 换流器能够隔离直流故障，可以在直流线路上配置二极管或者采用直流断路器。因此，针对高压大容量柔性直流系统应用，为了实现架空线的快速故障恢复，目前主流的技术路线包括四种：①采用基于半桥子模块的 MMC，直流线路加装直流断路器来断开直流故障电流，从而实现故障清除；②同样采用基于半桥子模块的 MMC，直流线路加装单相导通的大功率反向二极管，在直流故障时二极管反向截止实现故障清除；③采用具有故障恢复能力的换流阀，并采用能够故障自清除的子模块（如全桥子模块），通过闭锁换流器实现故障清除；④采用基于半桥子模块的 MMC，在桥臂上加装阻尼模块，直流故障时，快速衰减故障电流，实现故障清除。

2.2.1 半桥 MMC＋直流断路器技术路线

高压直流断路器的额定电压高、分断电流大、分断速度快，同时需具备双向分断能力、重合闸能力和技术经济性，这些要求均对直流断路器的主电路拓扑路线选择产生重大影响。目前，高压直流断路器主流拓扑分为：混合式高压直流断路器、固态高压直流断路器和机械式高压直流断路器三种。其中固态高压直流断路器因通态损耗过高无法适用于柔性直流电网，高压直流输电领域主要采用机械式直流断路器和混合式直流断路器。混合式直流断路器根据所采用大功率电力电子器件的不同划分为全控型和半控型两种，将在第 5 章中详细介绍。

半桥 MMC＋直流断路器技术路线的配置方案如图 2-4 所示。其中图 2-4（a）为两端柔性直流系统，两站均采用基于半桥子模块的 MMC，线路两端均配置一套直流断路器（DCB）。当连接更多的换流站组成多端柔性直流系统或直流电网时，线路两端均配置直流断路器，如图 2-4（b）和图 2-4（c）所示。

(a) 两端柔性直流系统

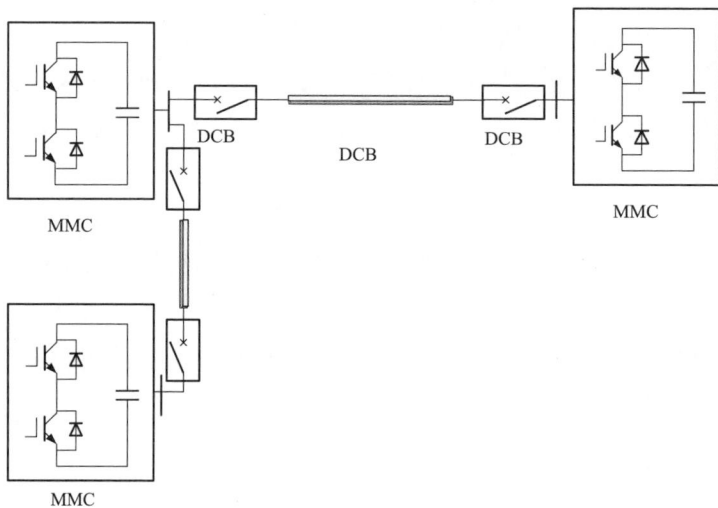

(b) 多端柔性直流系统

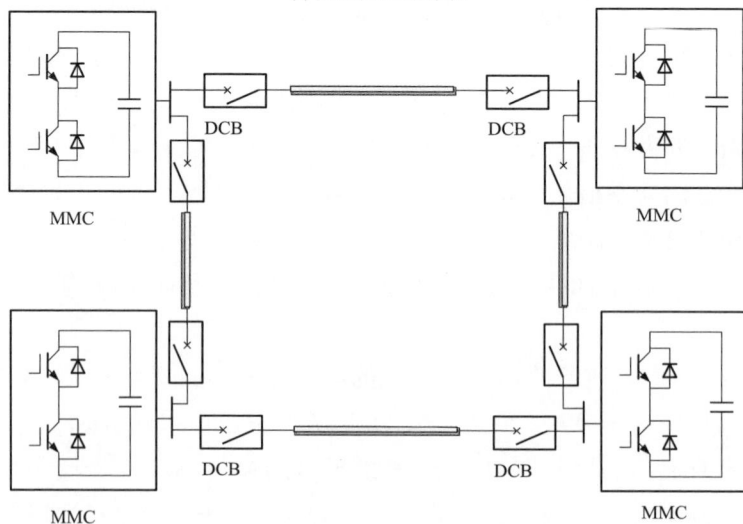

(c) 柔性直流电网系统

图 2-4　技术路线 1 半桥 MMC＋直流断路器配置方案

由于半桥 MMC 自身无法阻断故障电流,需要直流断路器快速切除大电流故障线路。直流断路器的典型拓扑如图 2-5 所示,包含主支路、转移支路和能量吸收支路三部分。直流断路器的工作模式为:

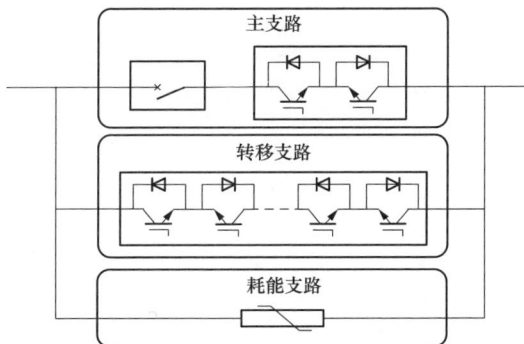

图 2-5 直流断路器典型拓扑

(1) 正常情况下,柔性直流输电系统的直流线路电流通过主支路流通。

(2) 故障时,主支路的电力电子开关首先关断,此时直流线路电流将转移至转移支路,然后分开高速机械开关。

(3) 在直流断路器的高速机械开关分断后,转移支路中的电力电子开关关断,故障电流转移至能量吸收支路中泄放。

(4) 直流断路器完成分断。

对于高压大容量柔性直流输电系统,若采用架空线路进行传输,由于架空线路的故障可能是瞬时性的,则在发生直流线路故障时除了进行快速故障清除,还要考虑故障线路的快速重启动策略。

为了避免柔性直流输电系统中的多个换流站在直流线路故障时发生闭锁,控制保护系统首先要进行快速的故障检测及定位;在故障定位后,跳开故障线路两端的直流断路器,将故障线路从柔性直流输电系统中切除;然后,等待故障线路去游离及恢复绝缘时间,控制保护系统发出重合故障线路命令;如果直流线路的故障已经清除,则柔性直流输电系统重新恢复正常;如果直流线路的故障仍然存在,则需要再次跳开故障线路的直流断路器以隔离故障线路。

根据半桥 MMC+直流断路器技术路线的特点,设计了如下快速恢复步骤:

1）在直流线路故障发生时，保护动作后立刻发出跳开直流断路器指令。直流断路器跳开后，最终实现直流故障的隔离。

2）等待设定的熄弧时间后，合上直流断路器。

3）重启不成功或保护识别为永久故障，则再次跳开直流断路器并锁定断路器，隔离故障线路，根据系统主接线决定是否跳开交流断路器。

采用直流断路器技术路线的柔性直流输电系统的直流线路故障清除流程与常规交流系统相似，直流侧的故障清除和快速重启动对系统中其他部件的稳定持续运行无影响，对柔性直流输电系统电压和功率扰动最小。此种技术路线在可再生能源接入应用时更具优势。

半桥 MMC＋直流断路器技术路线需要在几毫秒内完成直流断路器的正确动作，根据目前技术现状，能够在不影响柔性直流系统稳定性的前提下允许一个换流站闭锁，一旦故障清除，闭锁的换流站重新解锁，柔性直流系统可在短时间内重新稳定于新的运行点。

由于采用直流断路器及时隔离故障，直流系统中仅需闭锁相关换流站，直流线路故障及恢复过程中未闭锁的换流站仍可进行功率传输。对于两端柔性直流系统，直流线路故障将导致功率传输中断；而对于多端柔性直流系统或柔性直流电网系统，除故障线路及邻近的换流器之外，其他部分可持续运行，极大地提高了系统的运行性能。因此，半桥 MMC＋直流断路器技术路线更适合于多端柔性直流系统或柔性直流电网系统。

2.2.2 半桥 MMC＋二极管技术路线

半桥 MMC＋二极管技术路线是在 MMC 的直流母线侧加装二极管，利用二极管的反向截止效应完成直流故障清除。该方式的缺点在于 VSC 不能作为送端，因此一般用于与 LCC 换流器组成混合直流输电系统，配置方案如图 2-6 所示。其中，图 2-6（a）为两端柔性直流系统，送端采用常规直流换流器，受端采用半桥拓扑的柔性直流 MMC 换流器，MMC 换流器的直流侧串联二极管（VD）。当连接更多的换流站组成多端柔性直流系统时，半桥 MMC 换流器的直流侧均需串联二极管，如图 2-6（b）所示。

根据半桥 MMC＋二极管技术路线的特点，设计了如下快速恢复步骤：

1）当直流线路发生故障时，直流线路保护动作，逆变站 VSC 换流器立即闭锁所有 IGBT。

(a) 两端柔性直流输电系统

(b) 多端柔性直流输电系统

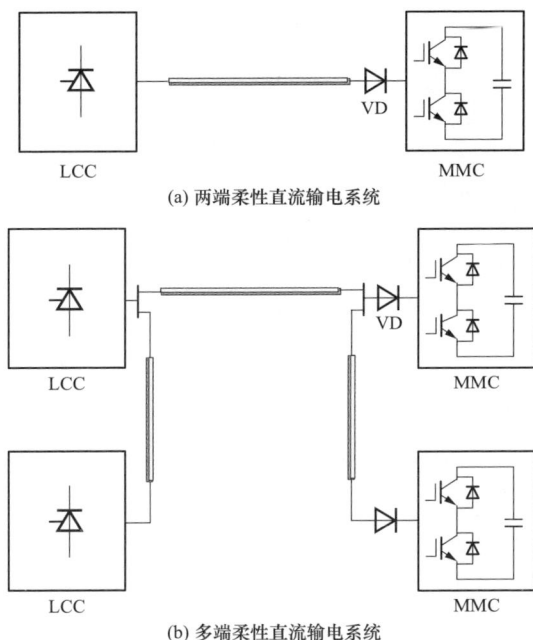

图 2-6　技术路线 2 半桥 MMC＋二极管配置方案

2）等待熄弧时间，随后进行线路重启动，重启由控制功率的 LCC 换流器发起。

3）当建立直流电压成功后，且满足 VSC 侧换流器运行条件即进行解锁。

4）如果故障仍然存在，则立即再次闭锁换流器。

半桥 MMC＋二极管技术路线仅适用于混合直流输电应用，由于二极管具有单向导通效应，潮流仅能够单向流动。

2.2.3　具备故障恢复能力的换流阀

具备故障恢复能力的换流阀技术路线的配置方案如图 2-7 所示。MMC 换流器采用具备故障自清除能力的子模块，直流系统具备直流故障恢复能力。该技术路线适用于两端柔性直流系统、多端柔性直流系统、柔性直流电网系统及混合直流系统，分别如图 2-7（a）～图 2-7（d）所示。其中多端柔性直流系统、柔性直流电网系统为了实现故障恢复过程中不影响其他站运行，需要在直流线路两端配置直流机械开关（DCB）。而图 2-7（d）所示的混合直流系统，在采用全桥子模块时，具有降压运行和功率反送能力，性能优于半桥 MMC＋二极管技术路线。

桥臂电抗、线路阻抗和短路电阻构成 RLC 放电电路。设故障瞬间电容电压即直流线路电压为 U_0，直流线路电流为 I_0。故障后，对 RLC 回路有：

$$\frac{d^2 u_C}{dt^2} + \frac{R_L + R_f}{2L + L_L}\frac{du_C}{dt} + \frac{n}{(2L + L_L)2C}u_C = 0 \qquad (2\text{-}1)$$

式中　u_C——直流电容电压；

　R_L、L_L——线路电阻和电抗；

　L——桥臂电抗；

　C——子模块电容；

　n——上（下）桥臂子模块个数；

　R_f——短路电阻。

通常，实际系统中 $R_L + R_f$ 远小于 $2[n(2L + L_L)]/(2C)$，换流器闭锁前，其电容放电过程是电路初始条件已知的二阶振荡衰减过程，电容电压为

$$u_C = e^{-t/\tau_1}\left[\frac{U_0\omega_0}{\omega_f}\sin(\omega_f t + \alpha) + \frac{nI_0}{2\omega_f C}\sin(\omega_f t)\right] \qquad (2\text{-}2)$$

其中，$\tau_1 = \dfrac{2(2L + L_L)}{R_L + R_f}$；$\omega_0 = \sqrt{\dfrac{n}{(2L + L_L)2C}}$；$\omega_f = \sqrt{\omega_0^2 - \dfrac{1}{\tau_1^2}}$；$\alpha = \arctan$

$\left[\sqrt{\dfrac{2n(2L + L_L)}{C(R_L + R_f)} - 1}\right]$

回路电流的计算公式为

$$i_1(t) = e^{-t/\tau_1}\left\{U_0\sqrt{2C/[n(2L + L_L)]}\sin(\omega_f t) + I_0\cos(\omega_f t)\right\}$$
$$= e^{-t/\tau_1}\left[\sqrt{\frac{2C}{n(2L + L_L)}U_0^2 + I_0^2} \cdot \sin(\omega_f t + \beta)\right] \qquad (2\text{-}3)$$

其中，$\beta = \arctan\{I_0/U_0\sqrt{[n(2L + L_L)/2C]}\}$

由式（2-3）可知，换流器闭锁前，故障回路电流受到桥臂电抗 L、子模块电容 C、上（下）桥臂子模块个数 n 等为主的多项参数影响。当换流器容量、直流电容电压不变时，故障后的电流峰值随着子模块电容值的增加而增大。这是因为在直流电容电压一定的前提下，子模块电容值越大，短路后转化为电抗电磁能的电场能量越大，电流可达到的峰值也就越大。而故障后的桥臂电流峰值则随着桥臂电抗值的增大而减小。这是因为电抗越大，储存同样的能量需要的电流就越小。此外，故障发生瞬间的直流线路电压 U_0 和直流线路电流 I_0 也会影响故障电流的瞬时值。

当换流器闭锁后，直流短路故障进入第 2 阶段，等效电路如图 1-7（b）所

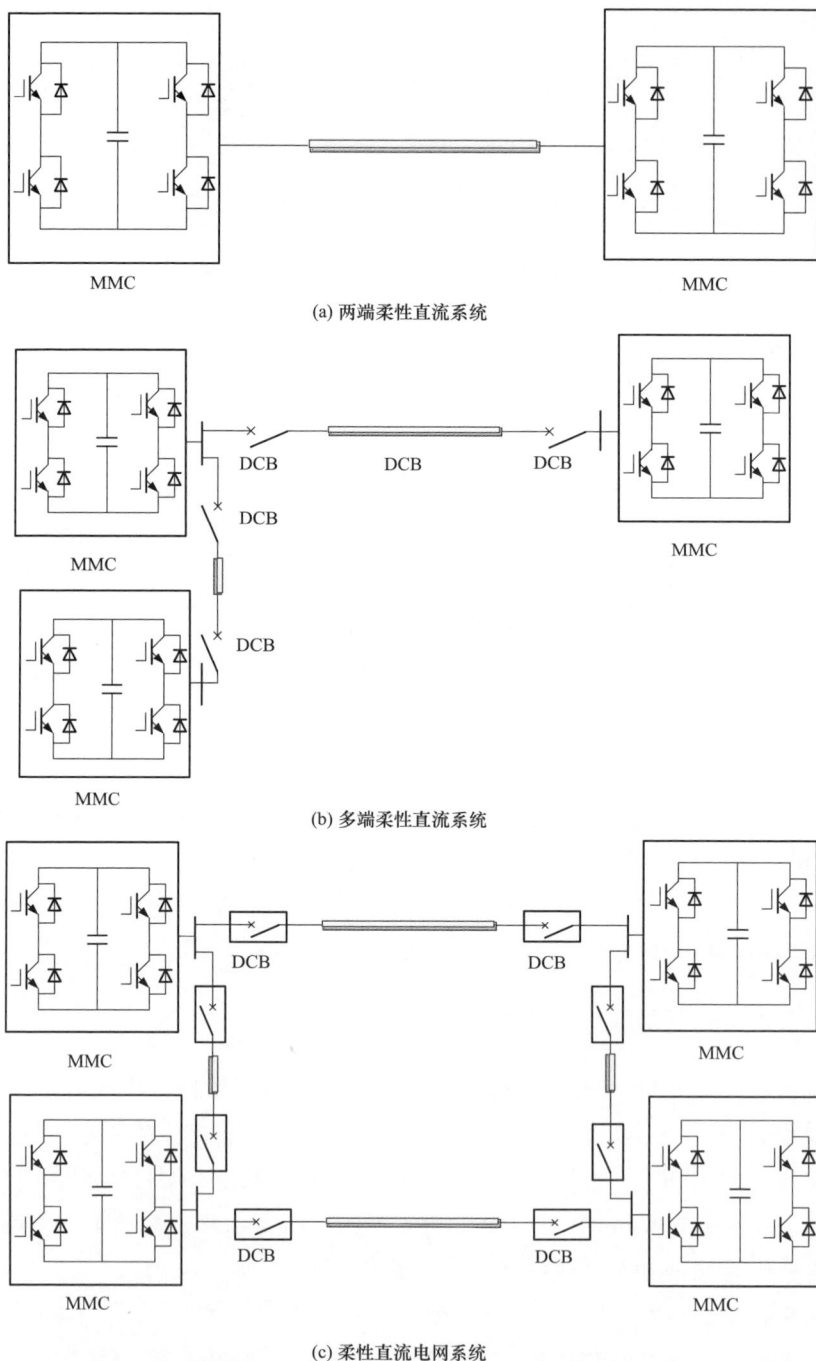

(a) 两端柔性直流系统

(b) 多端柔性直流系统

(c) 柔性直流电网系统

图 2-7　技术路线 3 具备故障恢复能力的换流阀配置方案（一）

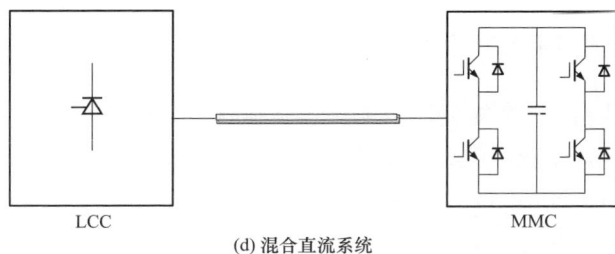

(d) 混合直流系统

图 2-7　技术路线 3 具备故障恢复能力的换流阀配置方案（二）

直流线路故障发生后，通过闭锁换流阀将直流故障电流抑制为零，对于多端或柔性直流电网系统可通过直流机械开关跳开直流线路，所以无需在短时间内切除大电流故障线路，但会造成直流系统的全局闭锁。

根据具备故障恢复能力的换流阀技术路线的特点，设计了如下多换流站快速恢复步骤：

1）直流故障发生，闭锁系统内所有故障极的换流器。

2）闭锁换流器后清除直流故障电流，跳开故障线路的机械开关，切除故障线路。

3）切除故障线路后，重新投入换流站。

4）等待游离时间结束并重合机械开关后恢复直流线路。

由于采用换流器抑制故障电流，直流线路故障后将引起直流系统短时功率传输中断。对于两端柔性直流系统，故障发生后直流功率必然会被中断，因此对其影响较小；但对于多端或柔性直流电网系统，所有换流器的功率传输中断降低了系统的运行性能。由于具备故障恢复能力的换流阀技术路线的造价相对于半桥 MMC＋直流断路器具有较明显的优势，因此对于双端柔性直流系统推荐采用具备故障恢复能力的换流阀技术路线，对于多端柔性直流系统或柔性直流电网系统仍推荐采用半桥 MMC＋直流断路器技术路线。

对于混合直流输电系统，在系统需要降压运行和实现功率反送功能时，应选择具备故障恢复能力的换流阀技术路线，且具备故障自清除能力的子模块采用全桥子模块。

2.2.4 半桥 MMC＋阻尼恢复模块技术路线

半桥 MMC＋阻尼恢复模块技术路线是在 MMC 的桥臂中串入限制短路电流的阻尼模块，每个阻尼模块均由阻尼电阻、IGBT 并联组成，如图 2-8 所示。该技术路线适用于两端柔性直流系统、多端柔性直流系统、柔性直流电网系统及混合直流系统。正常运行情况下，阻尼模块中的 IGBT 保持开通状态，阻尼电阻被旁路；而直流故障情况下，阻尼模块 IGBT 闭锁，阻尼电阻流过故障电流，可加速故障后桥臂电抗器内残余能量的释放，减少短路电流衰减时间。当电流衰减到谐振开关分断电流值时，谐振开关分闸，完成直流故障清除。该方式的缺点是在故障恢复过程中会短时功率中断，时间为百毫秒级。

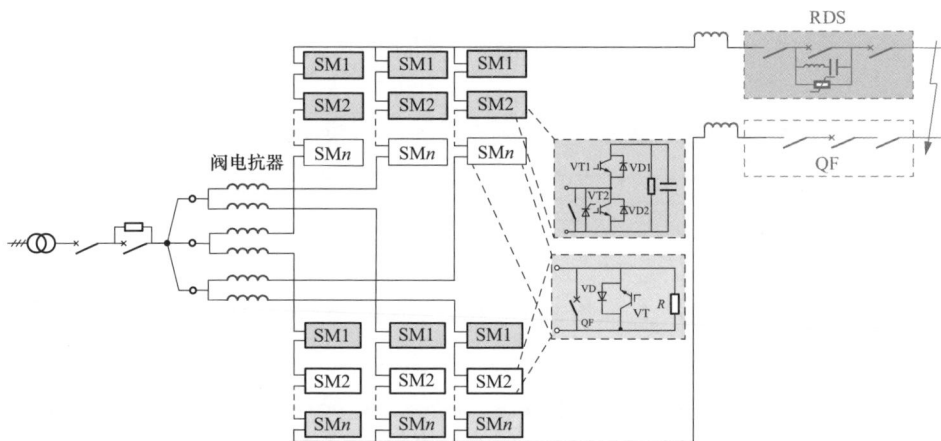

图 2-8 技术路线 4 半桥 MMC＋阻尼恢复模块配置方案

直流线路故障发生后，通过闭锁换流阀，跳开交流侧断路器，同时投入阻尼恢复模块，将直流故障电流加速衰减，再通过谐振开关跳开直流线路，所以无需在短时间内切除大电流故障线路，但会造成直流系统的全局闭锁。

根据半桥 MMC＋阻尼恢复模块技术路线的特点，设计了如下多换流站快速恢复步骤。

1）直流故障发生，闭锁系统内所有故障极的换流器，投入阻尼恢复模块，跳开交流侧断路器。

2）跳开谐振开关清除直流故障电流，实现故障线路的物理切除。

3）等待游离时间结束并重合谐振开关和交流侧断路器后恢复直流线路。

4）投入换流站。

由于采用换流器闭锁跳交流开关隔断故障电流，直流线路故障后将引起直流系统短时功率传输中断。对于两端柔性直流系统，故障发生后直流功率必然会被中断，因此对其影响较小；但对于多端或柔性直流电网系统，所有换流器的功率传输中断降低了系统的运行性能。由于半桥 MMC＋阻尼回复模块技术路线的造价相对半桥 MMC＋直流断路器具有较明显的经济优势，因此对于双端柔性直流系统推荐采用具备故障恢复能力的换流阀技术路线，对于多端或柔性直流电网系统若故障恢复时间不要求极快速，可考虑采用半桥 MMC＋阻尼恢复模块路线代替半桥 MMC＋直流断路器技术路线。

对于混合直流输电系统，在系统需要降压运行和实现功率反送功能时，该技术路线无法实现，必须选择具备故障恢复能力的换流阀技术路线，且具备故障自清除能力的子模块采用全桥子模块。

半桥 MMC＋阻尼恢复模块技术路线仅需要在桥臂中串联安装阻尼模块，不需要改变换流阀结构以及阀厅、直流场布置，非常适用于已投运的柔性直流工程改造。

参考文献

［1］ 徐政，屠卿瑞，管敏渊，等. 柔性直流输电系统［M］. 北京：机械工业出版社，2013.

［2］ 薛英林，徐政. C-MMC 直流故障穿越机理及改进拓扑方案［J］. 中国电机工程学报，2013，33（21）：63-70.

［3］ 吴婧，姚良忠，王志冰，等. 直流电网 MMC 拓扑及其直流故障电流阻断方法研究［J］. 中国电机工程学报，2015，35（11）：2681-2694.

［4］ 唐庚，徐政，薛英林. LCC-MMC 混合高压直流输电系统［J］. 电工技术学报，2013，28（10）：301-310.

［5］ 许烽，徐政. 基于 LCC 和 FHMMC 的混合型直流输电系统. 高电压技术，2014，40（8）：2520-2530.

［6］ 姚良忠，吴婧，王志冰，等. 柔性高压直流环网直流侧故障保护策略研究［J］. 中国电机工程学报，2017，37（51）：4-14.

［7］ 吴亚楠，吕铮，贺之渊，等. 基于架空线的直流电网保护方案研究［J］. 中国电机工程学报，2016，36（14）：3726-3733.

［8］ 王艳婷，张保会，范新凯. 柔性直流电网架空线路快速保护方案［J］. 电力系统自动

化，2016，40（21）：13-19.

［9］ 姜崇学，卢宇，汪楠楠，等. 柔性直流电网中行波保护分析及配合策略研究［J］. 供用电，2017，34（03）：51-56.

［10］ 王伟，石新春，付超，等. 海上多端直流输电系统协调控制研究［J］. 电网技术，2014，38（01）：8-15.

［11］ 徐政，薛英林，张哲任. 大容量架空线柔性直流输电关键技术及前景展望［J］. 中国电机工程学报，2014，34（29）：5051-5062.

［12］ 刘意，李燕珊，梁博烨. 基于 MMC 的 DC/DC 变换器的研究综述［J］. 自动化技术与应用，2017，36（08）：1-7.

3 具有直流故障自清除能力的MMC变结构拓扑

3.1 直流故障隔离和清除方法

由第 2 章的分析可知，由于拓扑结构的工作特性，半桥子模块无法抑制直流短路电流。直流短路故障解决基本途径可分为三种：①通过跳开交流断路器切断直流场和交流场的连接；②通过跳开直流断路器实现直流短路故障点的隔离；③换流器自身具有直流故障自清除能力。这三种途径的优缺点如下：

（1）通过跳开交流断路器切除故障，系统恢复时间长。通过断开交流断路器切除故障响应速度慢，最快动作时间是 40～60ms，由于直流短路电流上升率过快，因此期间电力电子器件存在过电流风险。故障清除后，系统恢复时间较长。

（2）直流断路器应用。目前我国直流断路器的研制已经取得了阶段性进展，舟山柔性直流工程已经投运 200kV 直流断路器，张北柔性直流工程500kV 直流断路器招标工作已经完成。但高压直流断路器还处于试验阶段，还不具备大规模商业化应用条件。

（3）改进拓扑结构。对模块化多电平换流器的拓扑进行改造优化，使其具备直流故障电流自清除能力，但是优化过程中需要增加电力电子器件，一方面增加了成本及系统损耗，另一方面可能增加系统控制的复杂性。

本章将重点针对第三种方式，即具备直流故障自清除能力的拓扑结构进行介绍。根据直流故障穿越拓扑结构和直流故障处理方式的不同，可将具有直流故障穿越能力的柔性直流换流阀拓扑分为四类，分别为子模块结构优化后的拓扑、桥臂结构优化后的拓扑、换流器交直流侧结构优化后的拓扑和换流器组合优化后的拓扑。

3.2 子模块拓扑优化

子模块拓扑优化的基本思路为通过子模块结构的改进，将模块电容引入至故障通路中，当电容充电到一定电压后可以提供足够大的反向电动势，令故障通路中的二极管在此反向电动势的作用下反向截止，故障电流进而衰减至零，如图 3-1 所示。

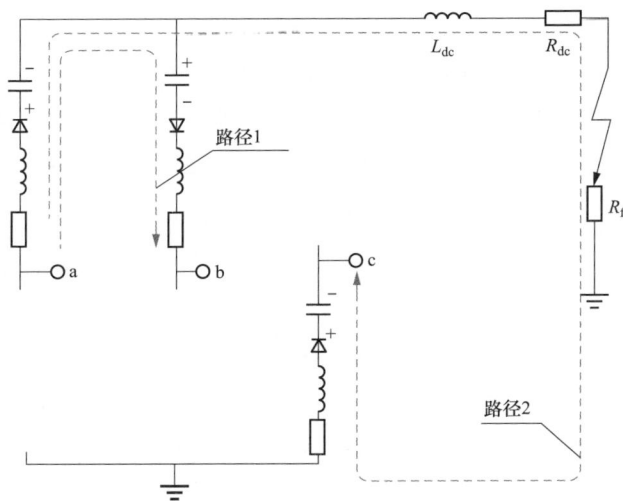

图 3-1 改进子模块反向电动势示意图

3.2.1 全桥子模块

1. 全桥子模块拓扑结构

全桥子模块（full bridge sub module，FBSM）的拓扑结构由 4 个 IGBT、4 个反并联二极管及 1 个电容器构成，如图 3-2（a）所示。通过控制 4 个 IG-BT 的触发脉冲，可使子模块输出 0、$\pm U_c$ 三种电平状态。

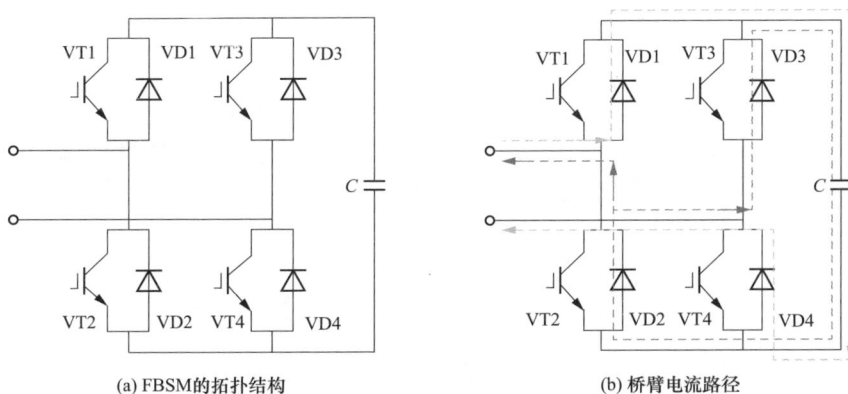

(a) FBSM的拓扑结构

(b) 桥臂电流路径

图 3-2 FBSM 的拓扑结构和桥臂电流路径

　　全桥子模块清除直流侧故障的方法为利用控制系统闭锁所有 IGBT，故障电流通路如图 3-2（b）中虚线所示。如前所述，桥臂电流对电容进行充电，当电容电压达到一定值时，可以为故障回路提供足够大的反向电动势，进而阻断故障电流，这个过程一般可在几毫秒内完成。FBSM 的主要劣势在于所采用的器件数量是 HBSM 的 2 倍，增加了换流器损耗和投资成本[1~2]。

　　2. 类全桥子模块结构

　　基于类全桥子模块的新型模块化多电平换流器（SFBSM-MMC）拓扑结构如图 3-3 所示[3]，类全桥子模块又分为两种拓扑结构，分别如图 3-3（b）和图 3-3（c）所示。类全桥拓扑子模块由 3 个带反并联二极管的 IGBT 器件（VT1，VT2，VT4）、一个独立的二极管器件（VD3）和一个电容（C）组成。其中 VT1 和 VT2 的公共端、VT4 和 VD3 的公共端分别引出，作为类全桥子模块的输出端（X1 和 X2）。

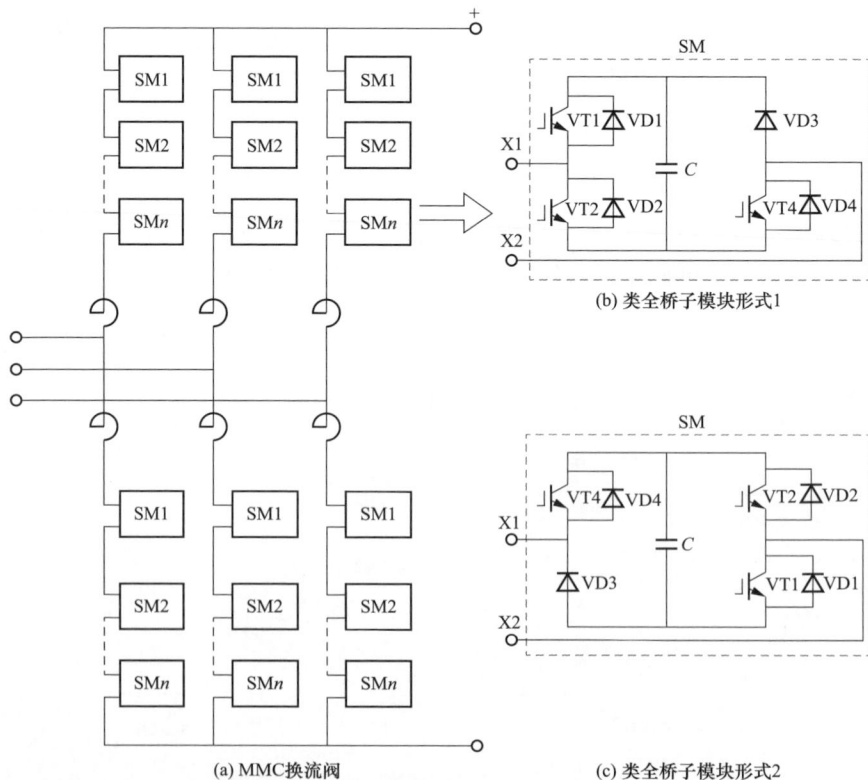

(b) 类全桥子模块形式1

(a) MMC换流阀

(c) 类全桥子模块形式2

图 3-3　SFBSM 类全桥子模块拓扑结构

类全桥子模块共有四种工作状态，即全闭锁、半闭锁、导通和关断。

类全桥子模块处于全闭锁状态时，子模块的输出电压与流过子模块的电流方向相关，并呈现阻碍效应使流过子模块的电流迅速减小至 0。在检测到直流系统发生故障时，可通过控制所有类全桥子模块工作在全闭锁状态，此时直流故障电流的回路如图 3-4 所示。由于所有子模块输出电压阻碍电流的流通，最终使桥臂中的电流快速减小至 0，并实现交流系统与直流线路的隔离。

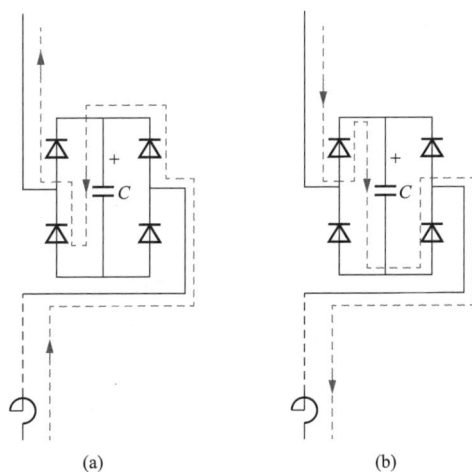

(a)   (b)

图 3-4　类全桥子模块的故障隔离原理

3. 2. 2　双子模块

1. 箝位型双子模块拓扑结构

箝位型双子模块（clamp double sub module，CDSM）的拓扑结构由 2 个 HBSM、1 个 IGBT 和 2 个二极管构成，如图 3-5（a）所示。正常运行条件下，CDSM 可以看作两个子模块通过 VT0 串联运行，VT0 始终处于导通状态。通过控制两个子模块中 IGBT 的触发脉冲，CDSM 可以输出 0、U_C 和 $\pm 2U_C$ 共四个电平状态。

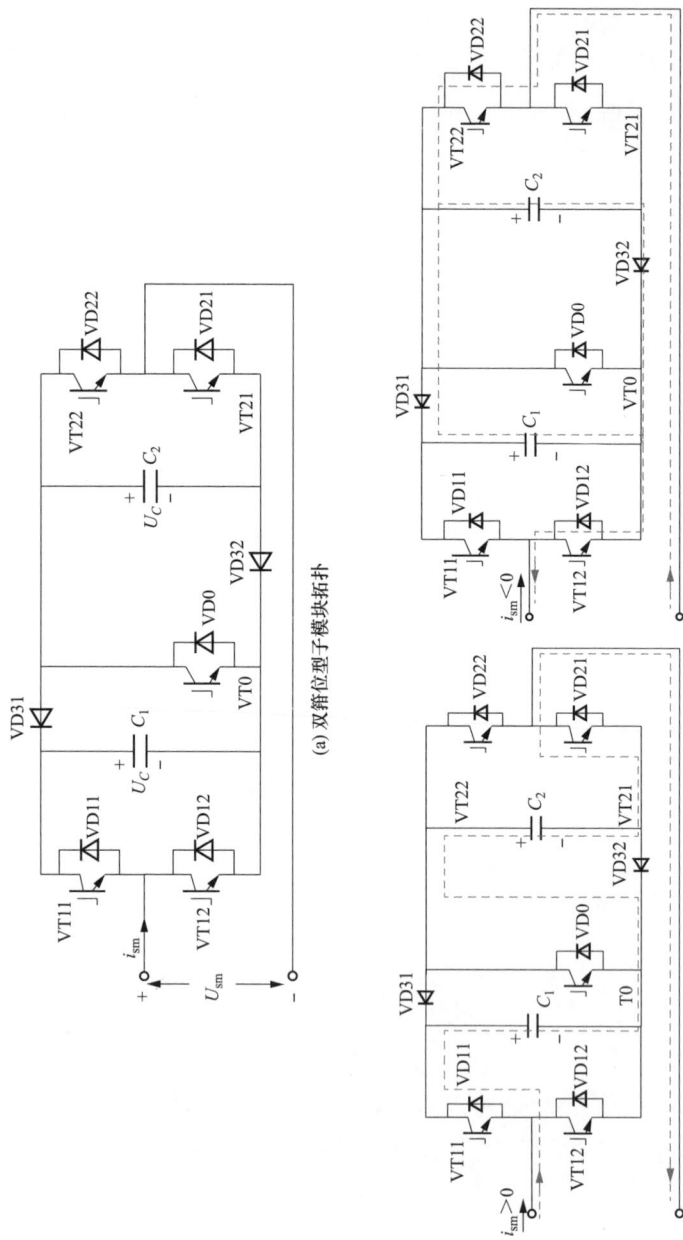

(a) 双箝位型子模块拓扑

(b) 双箝位型子模块闭锁模式桥臂电流路径

图3-5　CDSM的拓扑结构和桥臂电流路径

　　直流故障条件下，箝位型双子模块闭锁所有 IGBT，使得故障电流的流通路径如图 3-5（b）所示，根据不同的电流方向，故障电流对电容的充电方式有所不同。与 FBSM 类似，当电容充电到一定电压时故障电流将被阻断。与 FBSM 相比，CDSM 可降低单位电平输出所需要的器件数量，更具有经济性，但同时也增加了控制和子模块均压的复杂度。

　　2. 串联双子模块拓扑结构

　　串联双子模块（series-connected double submodule，SDSM）的拓扑结构由 2 个 HBSM、1 个 IGBT 和 1 个二极管构成，如图 3-6（a）所示。其中端子1、2 为模块输出端，3 和 3 相连。在正常运行状态下，两个子模块独立工作，可以输出 0、U_C 和 $\pm 2U_C$ 共四个电平状态。

　　串联双子模块也是通过闭锁全部 IGBT 的方式来清除直流故障电流，此时故障电流通路如图 3-6（b）所示。与 CDSM 不同的是，在故障电流对电容进行充电过程中，SDSM 的两个电容始终处于串联的状态[1]。

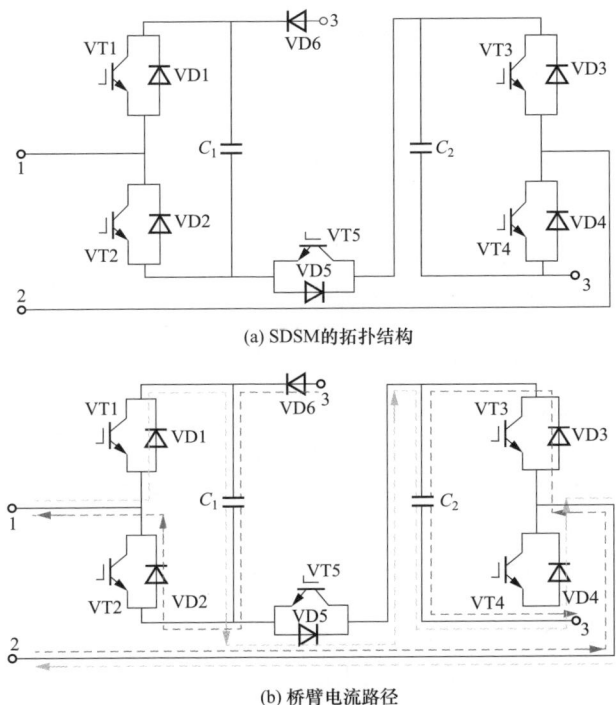

(a) SDSM的拓扑结构

(b) 桥臂电流路径

图 3-6　SDSM 的拓扑结构和桥臂电流路径

3. 不对称双子模块拓扑结构

图 3-7 所示为三相不对称双子模块（ADCC-MMC）拓扑结构，通过控制 IGBT 的开通和关断，不对称双子模块拓扑结构的子模块输出：$-U_C$，0，$+U_C$，$2U_C$ 四种电平。

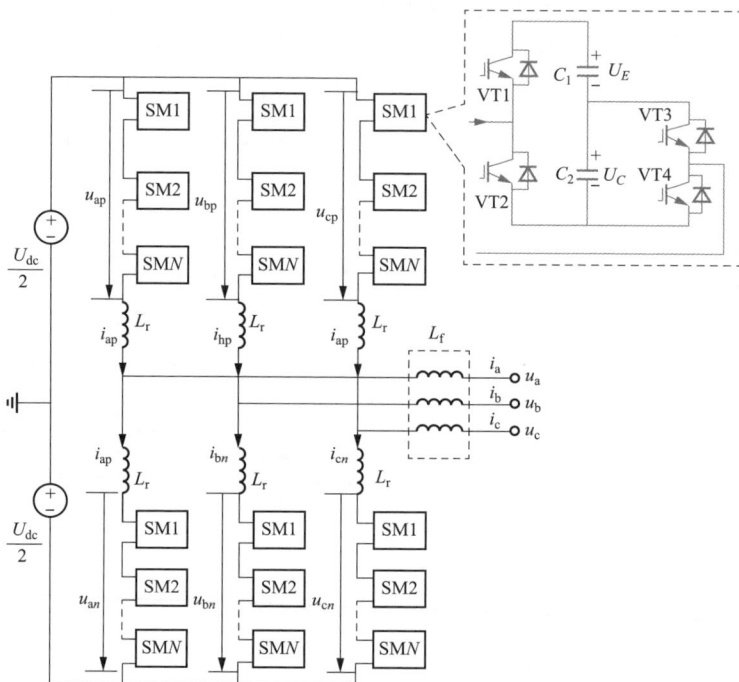

图 3-7　不对称双子模块拓扑结构

与许多具有直流故障自清除能力的子模块拓扑类似，直流故障时不对称双子模块拓扑需要闭锁所有 IGBT，利用故障电流对电容进行充电，当电容电压上升到一定程度时迫使二极管反向截止来阻断故障电流。根据方向的不同，故障电流在子模块内部具有不同的流通路径，如图 3-8 所示。

3.2.3　增强自阻型子模块拓扑结构

增强自阻型子模块（self-blocking sub-module，SBSM）的拓扑结构由 3 个 IGBT、4 个二极管和 1 个电容器构成，如图 3-9（a）所示。根据 3 个 IGBT 不同的开通与关断组合，增强自阻型子模块可以输出 0、$\pm U_C$ 三个电平状态。

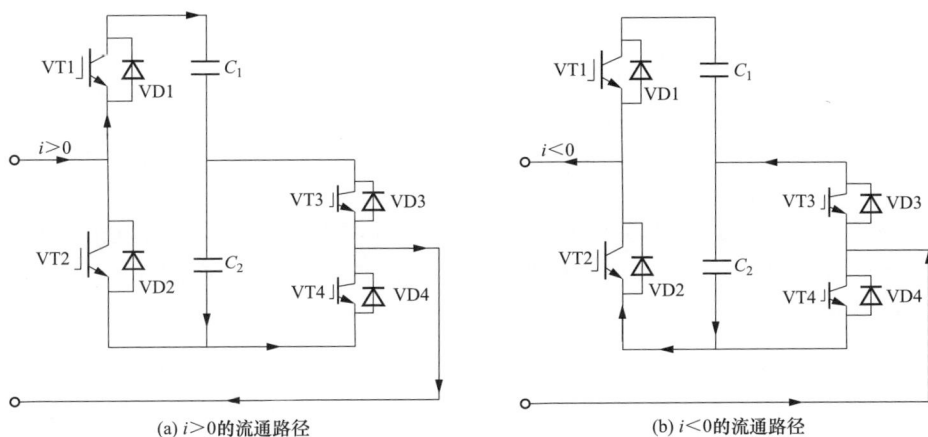

(a) $i>0$的流通路径   (b) $i<0$的流通路径

图 3-8   不对称双子模块拓扑清除直流故障原理

通过闭锁所有 IGBT，增强自阻型子模块可清除直流侧故障电流，桥臂电流路径如图 3-9（b）所示。SBSM 与 FBSM 和 CDSM 相比，能减少器件的使用数量，进而降低成本和控制结构复杂度。但是多个 SBSM 串联而成的 MMC 在阻断故障电流时对 VT3 的动作一致性有很高要求。否则 MMC 交流端与直流故障点之间的电压差将由先闭锁的 VT3 独立承载，VT3 管有被烧毁的风险。

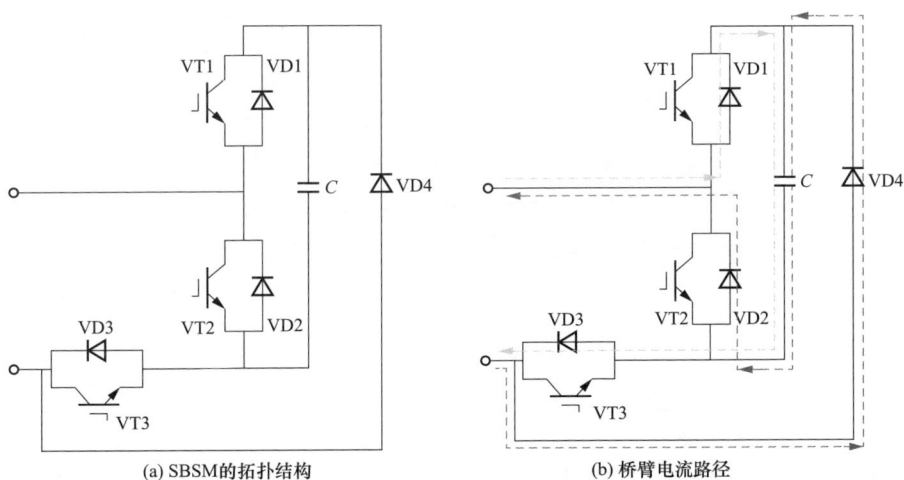

(a) SBSM的拓扑结构   (b) 桥臂电流路径

图 3-9   SBSM 的拓扑结构和桥臂电流路径

3.3　桥臂拓扑优化

3.3.1　子模块混合型 MMC

全桥子模块相比于半桥子模块，IGBT 器件增加 1 倍，经济性较差。针对该问题，有学者提出了 MMC 单个桥臂采用 HBSM 与 FBSM 混合结构的拓扑方案，如图 3-10 所示。

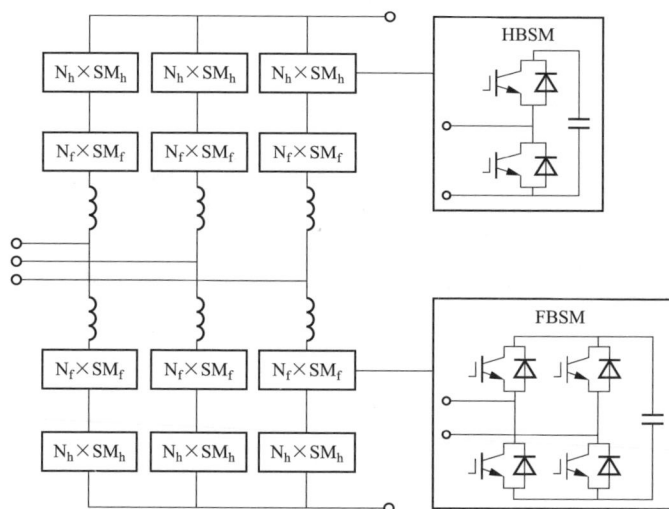

图 3-10　Hybrid MMC 的拓扑结构

为了实现直流故障自清除，桥臂子模块混合型 MMC（Hybrid MMC）拓扑结构中各桥臂的 HBSM 和 FBSM 数量比例应符合一定的设计原则。这一数量比例确定原则为换流器闭锁后相间回路内由 FBSM 电容串联提供的反向电动势幅值能够大于交流出口线电压幅值。在该条件下，Hybrid MMC 相比 F-MMC 可减少约 1/4 的开关器件。

3.3.2　桥臂非对称的混合 MMC

桥臂非对称混合 MMC 拓扑结构，如图 3-11 所示[4~5]，每相的上桥臂和下桥臂分别由 N 个半桥子模块（HBSM）和 N 个全桥子模块（FBSM）构成。

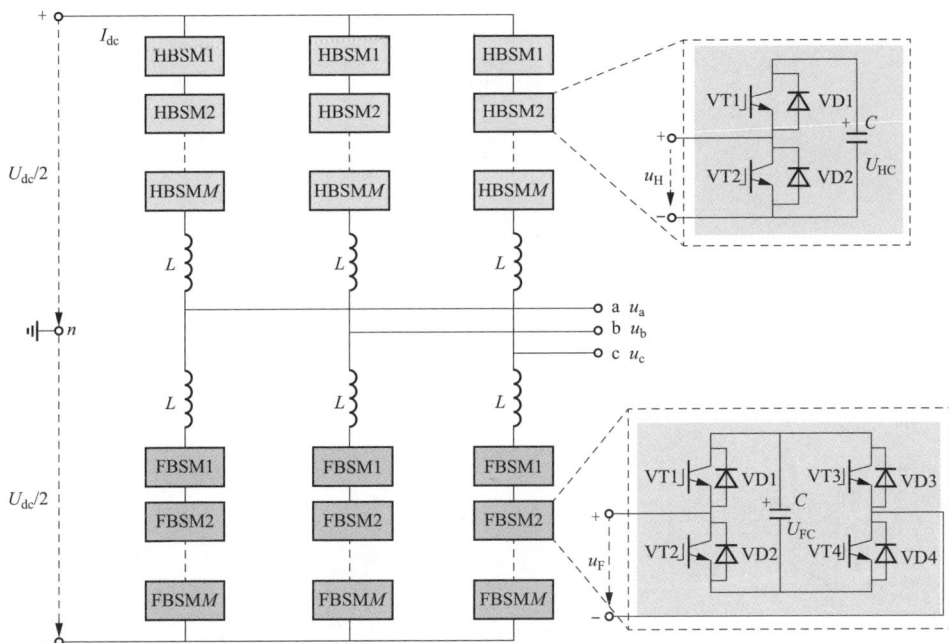

图 3-11　桥臂非对称的混合 MMC 拓扑结构

当桥臂非对称的混合 MMC 直流侧发生短路故障时，如图 3-12 所示，封锁所有开关管的驱动信号，H 桥直流电容串联等效的直流源电压高于交流侧线电压峰值，所以直流侧发生短路故障并闭锁所有开关管后，短路电流能够迅速降低，即直流故障自清除。

3.3.3　桥臂交替导通多电平换流器 AAMC

AAMC 包含由 IGBT 串联组成的导通开关和 FBSM 级联而成的整形电路[6~7]，具有两种不同的结构形式：结构形式 1 如图 3-13（a）所示，整形电路和导通开关分别独立布置；结构形式 2 如图 3-13（b）所示，导通开关中的 IGBT 分散布置在全桥子模块两侧。

AAMC 中由于导通开关承受一部分直流电压，所以 FBSM 的使用个数能够相应减少。极限条件下，导通开关可以承受一半的直流电压，AAMC 的子模块数量与 F-MMC（或 H-MMC）相比减少了一半，在经济性上明显优于F-MMC。

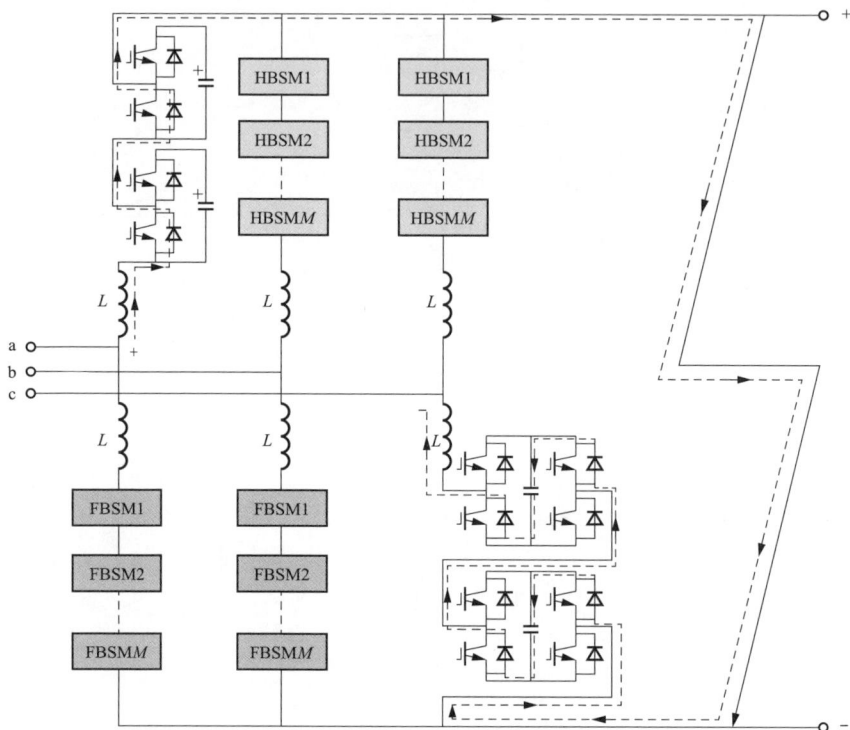

图 3-12 桥臂非对称的混合 MMC 抑制故障电流回路

AAMC 具有正常运行、直流闭锁和静止同步补偿器（static synchronous compensator，STATCOM）三种工作模式。系统正常运行时，AAMC 控制导通开关的通断，并结合整形电路中子模块的投切，使得换流器交流侧的输出电压逼近正弦参考波；在发生直流故障时，闭锁桥臂中所有 IGBT，故障电流对级联模块中的电容进行充电，进而产生足够大的反电动势使故障电流通路的二极管反向截止，阻断故障电流，该原理与 F-MMC 类似；当所有导通开关都导通时，AAMC 可以作为 STATCOM 运行，为系统提供无功支撑。

3.3.4　混合级联多电平换流器 HCMC

图 3-14 所示为 HCMC 的拓扑结构。与 AAMC 类似，HCMC 也由导通开关和整形电路构成；不同地方在于 HCMC 的整形电路布置在导通开关的交流侧，其优势在于同一相上、下桥臂共用一个整形电路。HCMC 中整形电路通过对导通开关输出的两电平电压进行整形，进而在交流侧产生逼近正弦的电压波形。

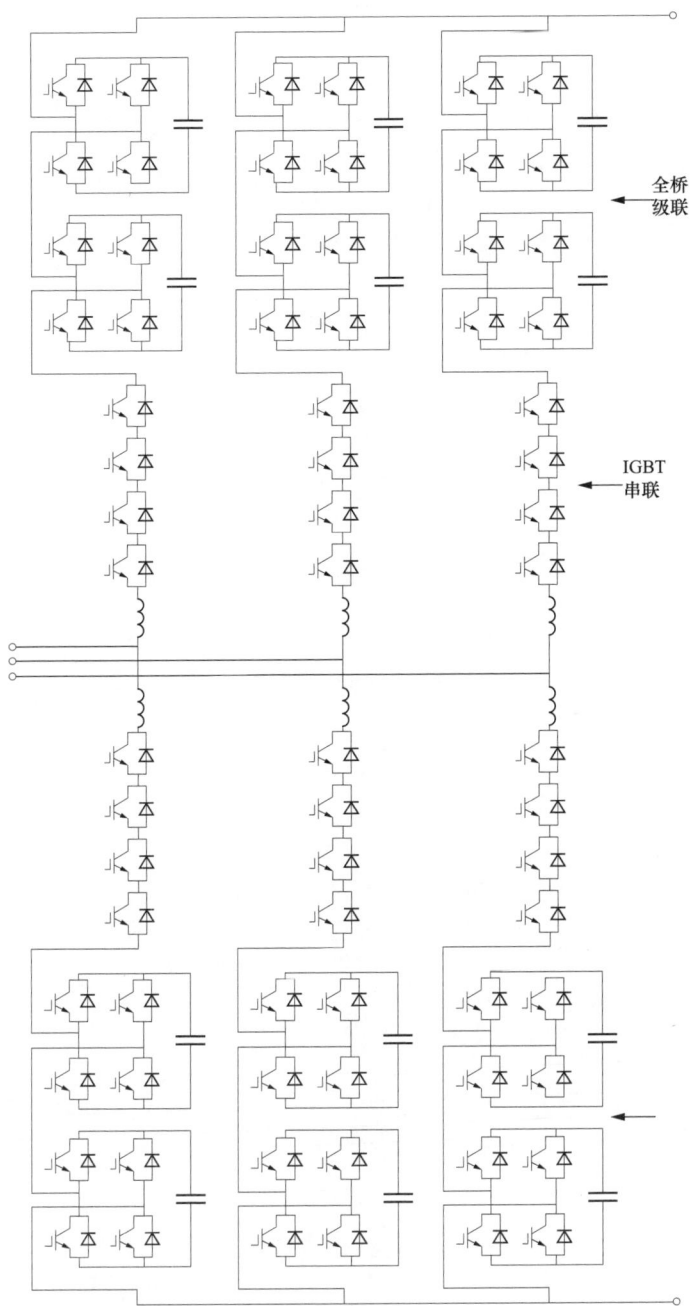

全桥
级联

IGBT
串联

(a) 结构形式1

图 3-13 AAMC 的两种拓扑结构（一）

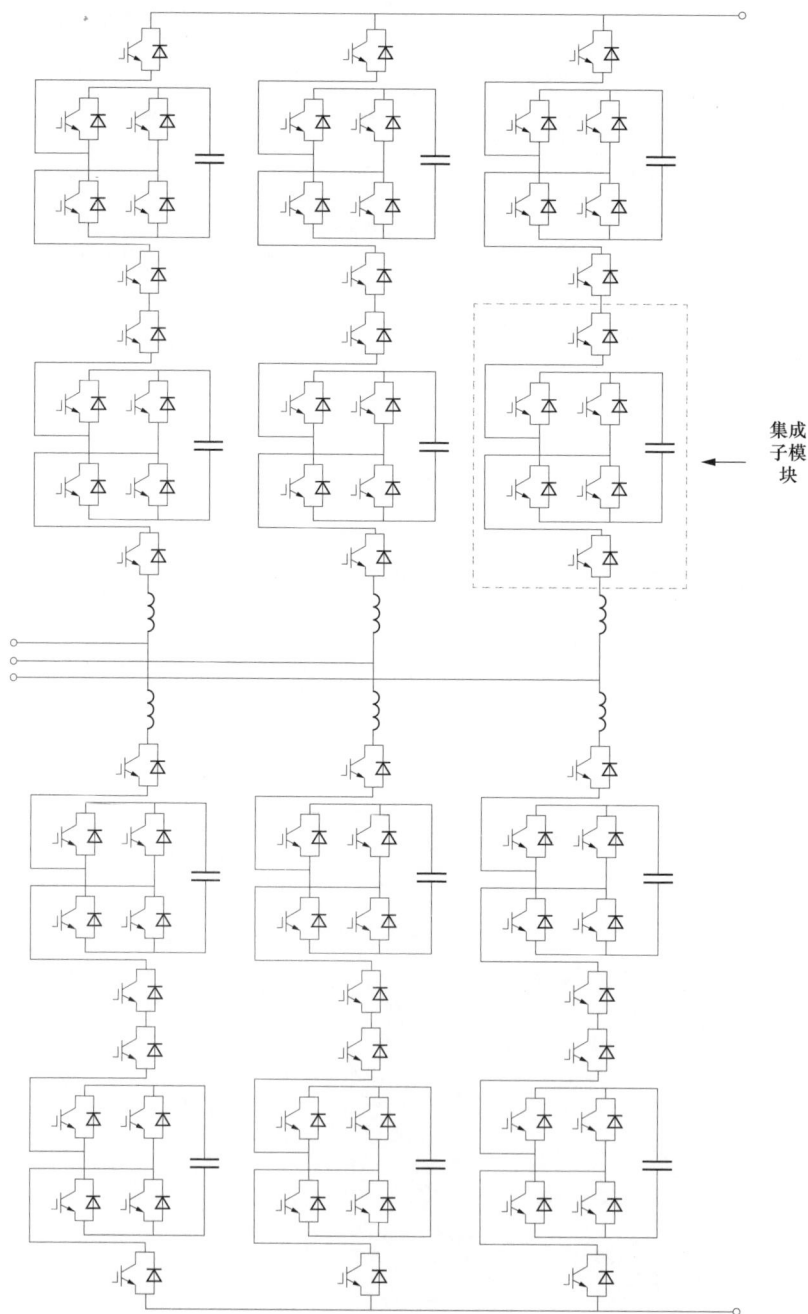

集成子模块

(b) 结构形式2

图 3-13 AAMC 的两种拓扑结构（二）

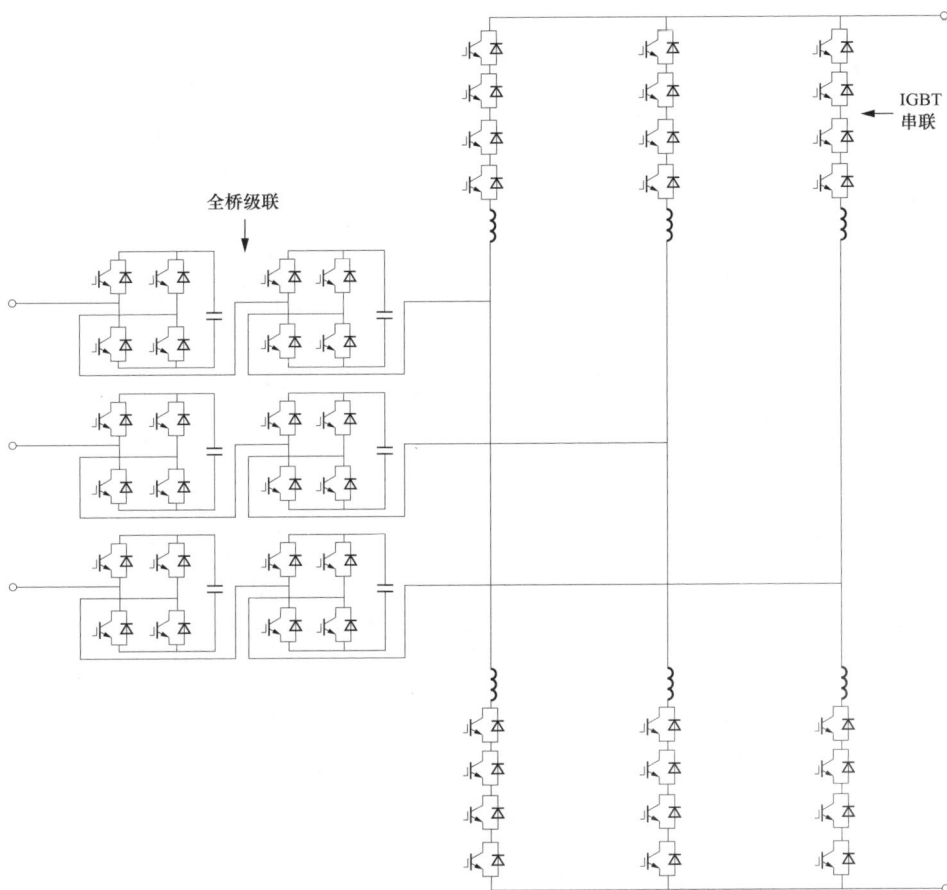

图 3-14   HCMC 的拓扑结构

HCMC 与 AAMC 相同，也具有三种工作模式，分别为正常运行、直流闭锁和 STATCOM 模式。相比 AAMC，HCMC 的优势在于全桥子模块需求数量更少，但存在导通开关硬开通、硬关断问题。

相比 F-MMC，AAMC 和 HCMC 由于有导通开关和整形电路两种结构，拓扑更加复杂，控制难度更高。

3.4   换流器交直流侧拓扑优化

3.4.1   交流侧级联 H 桥的混合 MMC

交流侧级联 H 桥的混合 MMC 是在由半桥子模块构成的传统 MMC 的交

流侧级联 H 桥，其拓扑结构如图 3-15 所示。每相的上、下桥臂均由 N 个半桥子模块（HBSM）构成，桥臂电感为 L，共同构成传统的 MMC，在传统的 MMC 的交流输出侧 $j'(j=$a、b、c) 分别级联 M 个 H 桥子模块（FB-SM）。

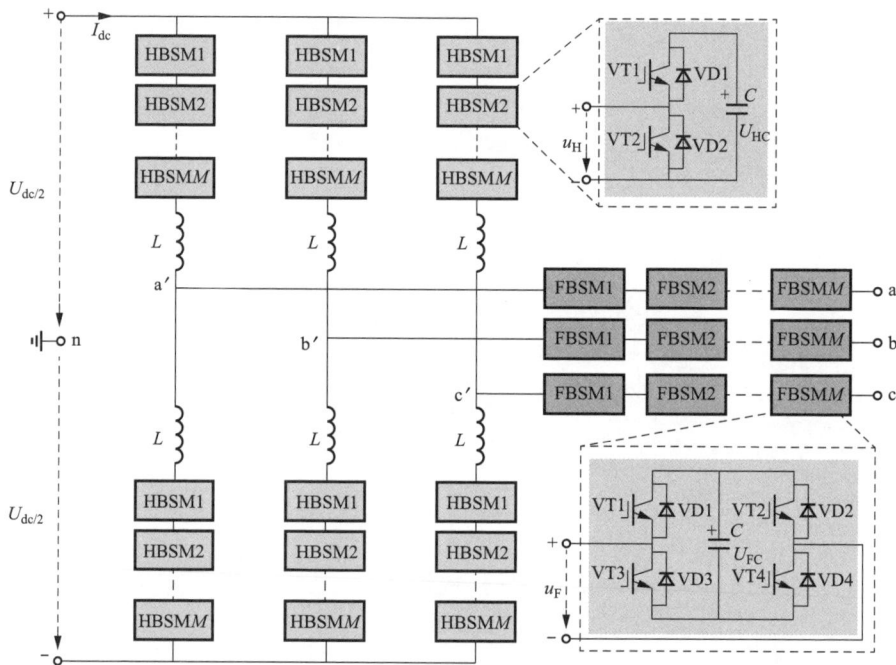

图 3-15 交流侧级联 H 桥的混合 MMC 拓扑结构

当交流侧级联 H 桥的混合 MMC 直流侧发生短路故障时，故障电流回路如图 3-16 所示封锁所有开关管的驱动信号，H 桥直流电容串联等效的直流源电压需等于或高于交流侧线电压峰值。

3.4.2 直流侧级联 H 桥的混合 MMC

直流侧级联 H 桥的混合 MMC 是在由半桥子模块构成的传统 MMC 的直流侧级联 H 桥，拓扑结构如图 3-17 所示，每相的上、下桥臂均由 N 个半桥子模块（HBSM）构成，桥臂电感为 L，共同构成传统的 MMC，在传统的 MMC 的直流侧正负极分别级联 H 桥，当直流侧发生短路故障时，封锁所有开关管的驱动信号[4]。

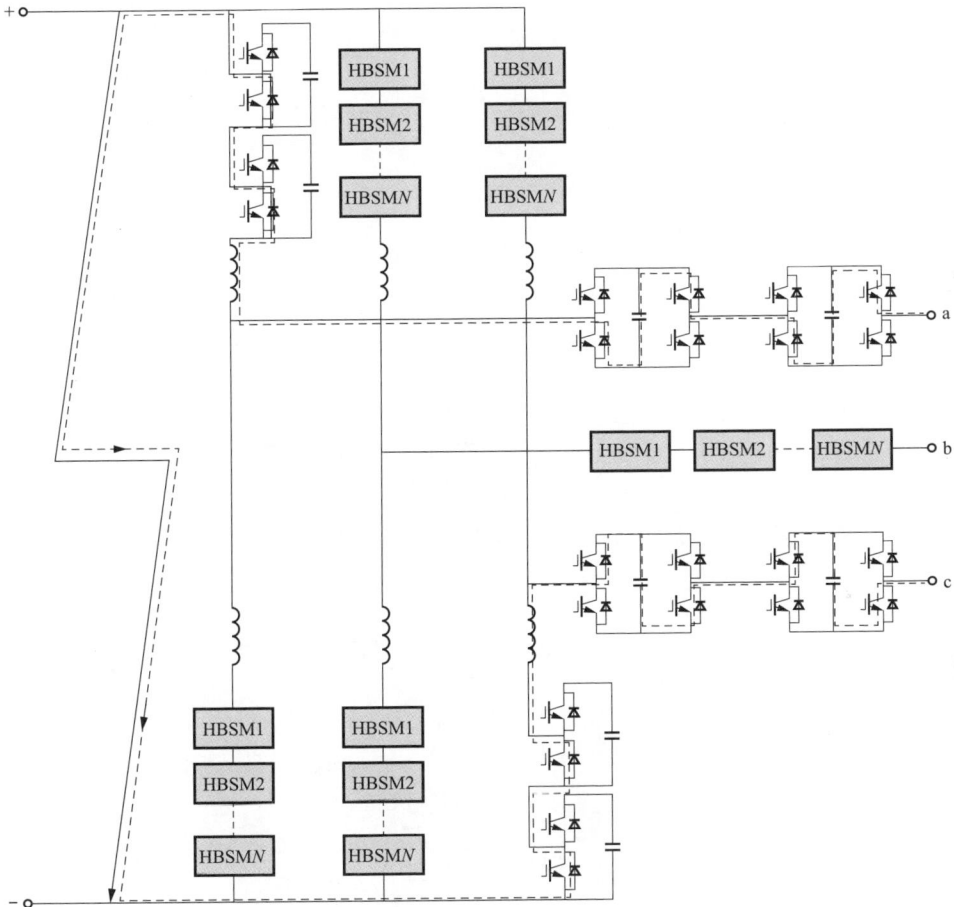

图 3-16 交流侧级联 H 桥的混合 MMC 抑制故障电流回路

3.4.3 二极管阻断型 MMC

图 3-18 为一种在直流侧串联二极管阀的二极管阻断型 MMC（MMC with diodes，D-MMC）拓扑，当发生直流故障时，由于二极管阀的单向导通性，交流侧的能量无法再馈入直流故障点，因此该拓扑具有直流故障隔离能力。但由于二极管阀的存在，D-MMC 不具备功率反送的能力。

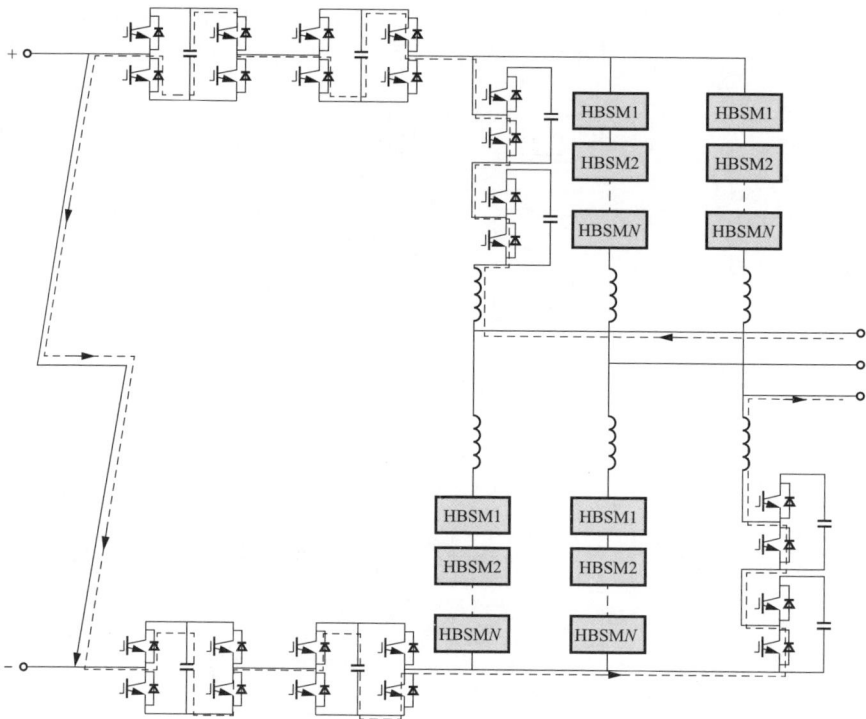

图 3-17　直流侧级联 H 桥的混合 MMC 的拓扑结构

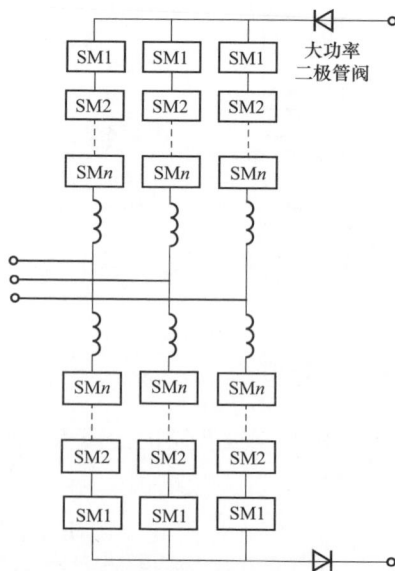

图 3-18　D-MMC 的拓扑结构

3.5　换流器组合优化

由于可实现直流故障穿越的拓扑结构需要大量的全控型电力电子器件，因此换流站相关的投资建设成本较高。为降低建设成本，国内外对混合直流输电系统进行了研究。

3.5.1　LCC-MMC 混合拓扑

图 3-19 所示为混合直流输电系统拓扑结构，其中，整流侧采用 LCC 结构，逆变侧采用 LCC 与 MMC 串联的混合拓扑结构。

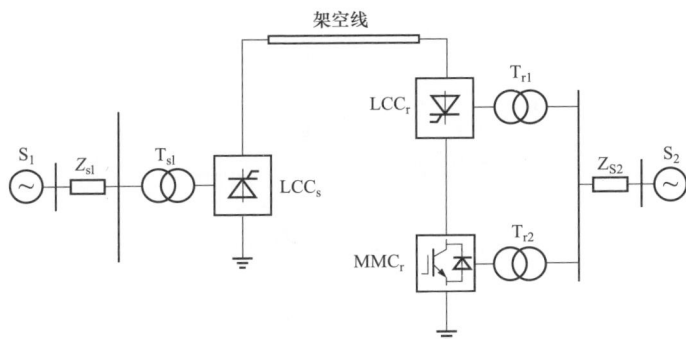

图 3-19　混合直流输电系统拓扑结构

整流侧 LCC 采用定直流电流控制和最小触发角控制。为稳定直流电压，逆变侧 LCC 采用定直流电压控制，将定关断角与定直流电流作为后备控制策略。逆变侧 VSC 外环采用定直流电压控制。

3.5.2　直流故障穿越机理分析

发生直流故障，LCC 的直流故障电流清除方法与常规 LCC 相同，即将 LCC 触发角增大到 $90°$，此时 LCC 工作在逆变状态，直流侧能量被快速释放。由于 LCC 中晶闸管的单向导电性，对于 MMC 而言，即使在不闭锁的情况下，也不存在故障电流通路。直流故障下逆变侧等效图如图 3-20 所示。

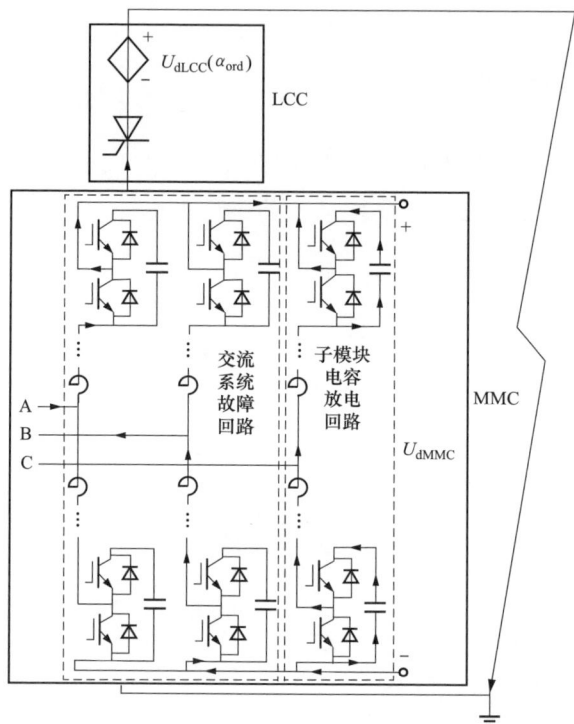

图 3-20　直流故障下逆变侧直流故障电流通路等效图

3.6　优化方案对比

本章前面几节分别从子模块结构、桥臂结构、换流器交直流侧优化和换流器组合等四方面对具备直流故障穿越能力的拓扑进行了介绍和分析。在子模块结构优化方面，F-MMC 是诸多拓扑中最具应用前景的拓扑，虽然相比其他拓扑，其使用的器件数量较多，但是除了模块结构不一样之外，其模块封装难度、控制复杂度等方面与半桥型 MMC 十分相似，目前已有工程应用。而其他类型的子模块在工程应用方面还有待进一步研究。

类似地，在桥臂结构优化方面，HBSM 和 FBSM 混合的结构更加成熟，目前乌东德工程就采用了该种混合拓扑结构。换流器交直流侧优化的几种方案中，D-MMC 的拓扑结构相对简单，但是由于其功率单向性，具有较大局限性，而交直流侧串联全桥子模块的拓扑结构也还在理论研究阶段。而 LCC 和MMC 串联的换流器组合方案，具有一定的应用前景，目前处于工程应用可行性论证阶段。

参考文献

[1] 吴婧，姚良忠，王志冰，等. 直流电网 MMC 拓扑及其直流故障电流阻断方法研究 [J]. 中国电机工程学报，2015，35（11）：2681-2694.

[2] 许烽，宣晓华，江道灼，等. 常规直流输电系统改造用的混合直流输电技术 [J]. 电网技术，2017，41（10）：3210-3218.

[3] 董云龙，汪楠楠，田杰，等. 一种新型模块化多电平换流器 [J]，电力系统自动化，2016，40（1）：116-122.

[4] 付坚. 直流故障自清除混合 MMC 及多端混合多电平变换器的研究 [D]，华南理工大学，2015.

[5] 朱明琳，杭丽君，李国杰. 基于不对称双子模块的混合 MMC 及其直流故障自清除能力 [J]. 电力系统自动化，2017，41（12）：66-72.

[6] 王振浩，宋金泊，韩子娇，等. 基于混合子模块的循环嵌套型模块化多电平换流器特性 [J]. 电力系统自动化，2016，40（24）：92-98.

[7] 薛英林，徐政，王峰，等. 基于三次谐波电流注入的 AAMC 电容电压均衡策略 [J]. 电工技术学报，2013，28（9）：104-112.

[8] 宋强，杨文博，李笑倩，等. 集成直流断路器功能的模块化多电平换流器 [J]. 2017，37（20）：6004-6014.

[9] 常非，杨中平，林飞. 具备直流故障清除能力的 MMC 多电平子模块拓扑 [J]. 高电压技术，2017，43（1）：44-50.

[10] 唐立，袁旭峰，李宁，等. 具有直流故障电流阻断能力的 MMC 子模块拓扑结构研究 [J]. 电网与清洁能源，2017，33（5）：31-40.

[11] 张建坡，赵成勇，孙海峰，等. 模块化多电平换流器改进拓扑结构及其应用 [J]. 电工技术学报，2014，29（8）：173-180.

[12] 刘剑，邰能灵，范春菊，等. 柔性直流输电线路故障处理与保护技术评述 [J]. 电力系统自动化，2015，39（20）：158-168.

[13] 李笑倩，刘文华，宋强，等. 一种具备直流清除能力的 MMC 换流器改进拓扑 [J]. 中国电机工程学报，2014，34（36）：6090-6097.

[14] 向往，林卫星，文劲宇，等. 一种能够阻断直流故障电流的新型子模块拓扑及混合型模块化多电平换流器 [J]. 中国电机工程学报，2014，34（29）：5171-5179.

[15] 赵成勇，刘文静，郭春义，等. 一种适用于风电场送出的混合型高压直流输电系统拓扑 [J]. 电力系统自动化，2013，37（15）：146-152.

4 阻尼快速恢复系统

4.1 阻尼快速恢复系统的组成

4.1.1 阻尼快速恢复系统结构

阻尼快速恢复系统整体配置如图 4-1 所示，主要包括柔性直流控制保护系统、桥臂阻尼器、谐振型直流开关及交流断路器。阻尼快速恢复系统主要用于实现柔性系统直流故障后的快速恢复，提升直流线路故障的处理能力，解决多端柔性直流输电系统故障隔离及快速恢复的难题，保障系统运行的可靠性。

柔性直流控制保护系统是柔性直流故障阻尼快速恢复系统的大脑，整体采用极控层、阀控层和模块层三层结构，各层之间通过光纤通信紧密联系。极控层及其上层的运行人员控制系统集成在柔性直流换流站的极控装置 PCP 中；运行人员控制系统也集成在柔性直流换流站的运行人员控制系统中。桥臂阻尼器实现故障电流加速衰减功能，整体采用的是模块化、分布式设计理念。桥臂阻尼模块是桥臂阻尼器的基本构成单元[1]，在柔性直流换流器的每个桥臂中级联若干个桥臂阻尼模块。谐振型直流开关起初主要应用在特高压直流输电系统中，用于进行直流接地系统和运行方式的切换。在柔性直流输电系统中，柔性直流故障快速系统将谐振型直流开关应用于极线上，实现系统故障时产生的直流故障电流分断，从而进行健全系统的快速重启动。

4.1.2 控制保护系统

阻尼快速恢复系统的控制保护系统集成在柔性直流换流站的极控装置 PCP 中，无需额外的硬件投入。控制保护系统的硬件应为高可靠性和高集成度的系统，具备可靠性高、可扩展性强、通用性强、高干扰能力等特点。

柔性直流控制保护系统要充分利用高速发展的嵌入式微处理器技术，从而设计出高性能的控制保护系统。柔性直流控制保护系统中使用的主机可固定在屏柜上，用 220V 或 110V 直流供电，并且使用多个并行运行的 POWERPC 处理器以及多个高性能的 DSP。

柔性直流控制保护主机中 POWERPC 处理器主要用于实现高速通信以及管理功能，所有核心的控制和保护功能由 DSP 板卡中的浮点 DSP 实现。

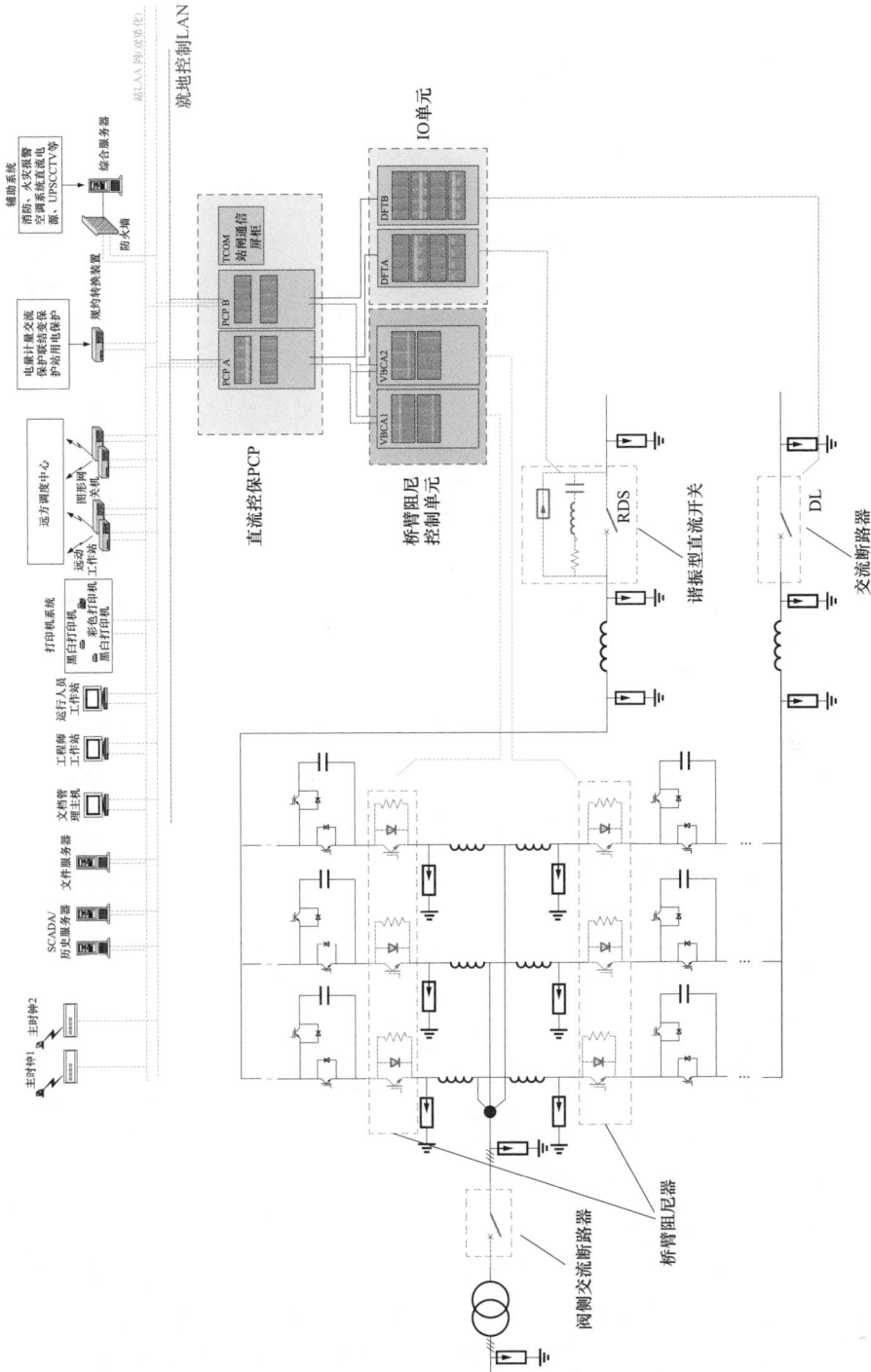

图 4-1 阻尼快速恢复系统整体配置

57

4.1.3 桥臂阻尼器

桥臂阻尼器是柔性直流故障阻尼快速恢复系统的核心设备，主要由桥臂阻尼模块和桥臂阻尼控制系统构成。

1. 桥臂阻尼模块

桥臂阻尼模块是阻尼换流阀安装、试验和设计的最小单位，由 IGBT、阻尼电阻、旁路开关以及控制电路组成。桥臂阻尼模块嵌入式布置于换流阀阀塔中，从相邻的换流阀子模块取能。桥臂阻尼模块设计时，应与换流阀阀塔中的子模块采用一致的结构和接口设计[2]。

阻尼模块由以下几部分组成：

（1）IGBT。每个桥臂阻尼模块中包含 1 只 IGBT，其技术参数应满足稳态运行及故障过程的电气要求。由于桥臂阻尼模块中其他元器件与 IGBT 为配合使用，IGBT 器件损坏时，应使用与该 IGBT 规格型号一致的器件更换。

（2）散热器。系统运行时，桥臂阻尼模块的 IGBT 会产生一定的热量，因此每个桥臂阻尼模块均需要进行散热设计。桥臂阻尼模块的散热方式应与正常换流阀子模块采用一致的散热方式。

（3）阻尼电阻。阻尼电阻应采用紧凑型设计，并结合换流阀的子模块电容外形结构尺寸进行设计。在外观上，阻尼电阻应与换流阀内子模块的结构形式类似，以保持换流阀外观的整体一致性。

（4）真空开关。桥臂阻尼模块中旁路开关用于实现故障阻尼模块的快速投切，旁路开关采用真空开关，每个阻尼模块配置一台真空开关。真空开关应具有机械保持能力，开关在合闸后需要手动分闸。

（5）阻尼换流阀监视控制单元。阻尼模块的就地控制系统是阻尼模块的控制核心，利用光纤接收 VBC 发送的控制命令，控制内容主要包括 IGBT 的控制和旁路开关的控制。控制单元解码收到的控制指令，并发送给对应的驱动电路。SMC 同时采集阻尼模块的相关状态，并编码后反馈给 VBC，用于监视阻尼模块是否正常工作，如开关状态、IGBT 状态、电子电路板卡状态等[3]。

2. 桥臂阻尼控制系统

（1）阻尼控制系统。SMC 是阻尼换流阀中桥臂阻尼模块的就地采集控制系统，桥臂阻尼控制系统 VBC 需要采集所有阻尼模块的模拟量信息，同时监视所有阻尼模块的各设备状态。对于一个桥臂而言，VBC 与所有 SMC 形成了一个大的并行分布式系统，SMC 将阻尼模块信息就地采集，通过高速工业通信总线协议传输给 VBC，VBC 同时处理所有 SMC 的信息并实时根据各阻尼模块的工作状态，合理处理上送的信息，并将控制命令同时分发给各阻尼模块[4]。

（2）阻尼阀保护设计。阻尼阀的保护设计可以分为三层，分别为器件级保护、桥臂级保护和上层阀组保护。

1）器件级保护在 SMC 内完成，实现单个阻尼模块的保护功能。包括阻尼模块过压保护、阻尼模块欠压保护等。

2）桥臂级保护在 VBC 内完成，实现对该 VBC 所负责桥臂的保护。主要包括阻尼模块过压保护、阻尼模块欠压保护、硬件异常保护等。

3）上层阀组保护功能在柔性直流控制保护单元内完成，实现对整个换流阀的保护，主要包括过流保护、零序分量保护、桥臂电抗差动保护、阀差动保护等。

（3）阻尼阀控与控制保护的配合。阀控装置，需根据控制保护发来的控制信号实现控制脉冲发生（阀层阻尼模块投切），并对阻尼模块的状态进行监测并上报至控制保护层的监控单元。阻尼模块控制器实现阻尼模块单元的触发、电压检测和阻尼模块状态监测，并将信息回报给阀控装置。

控制保护系统 PCP 与阀控 VBC 之间接口通过光纤连接，采用国际标准的 IEC 60044-8 通信规约，提高抗干扰性能。具体连接为控制保护 PCP 通过光纤发送给阀控装置相应的控制指令，如充电、解锁信号等，同时 PCP 通过光纤发送给 VBC 装置用于系统切换的 ACTIVE 信号，阀控 VBC 设备将换流阀及自身运行状态通过光纤回复给 PCP，形成交互信息，保证系统间紧密配合，可靠控制阻尼系统投入切除。

4.1.4 谐振型直流开关

应用于阻尼快速恢复系统的直流谐振开关，是在传统成熟无源型直流转换开关的技术基础上，针对实际柔性直流极线具体应用场合，进行电气、结构的详细适配设计。谐振型直流开关由三个并联支路组成，即开断装置、转换回路和非线性电阻器[5]。

1. 开断装置

开断装置由交流断路器改造而来，用于直流电流的断开和接通。在柔性直流输电系统正常运行时，开断装置为接通状态；在收到控制保护系统发出的分闸命令时，断开直流极线的故障电流，使断口电流在过零时开断。由于直流电流没有自然过零点，所以需要利用并联于断路器的 L-C 电路产生的谐振电流，强制形成电流过零点。形成过零点的基本原理为：断路器触头分开时断口产生电弧，L-C 支路和断路器断口形成的回路中产生高频振荡电流，该电流和直流故障电流叠加，一旦振荡电流大于直流电流，断路器断口的电流就会产生过零点。

2. 转换回路

转换回路即 L-C 支路，由电抗器与电容器串联组成，在直流故障电流的开断过程中，与 SF_6 断路器断口并联形成振荡回路，断路器断口与 L-C 支路构成的环路中激起高频振荡电流，该振荡电流叠加在断路器断口的直流电流之上，产生电流过零点。熄弧后，流过断路器断口的直流电流转移至转换支路，在很短时间内对电容进行充电，使其电压到达一定值。

3. 非线性电阻器

非线性电阻器由金属氧化物避雷器组成，主要用途为吸收直流回路中存储的能量。当 L-C 回路中的电容器充电到特定电压值时，避雷器动作，L-C 支路中的电流被转移到非线性电阻器中，非线性电阻器吸收能量，电流逐渐减小到零。

4.2　阻尼快速恢复系统的基本原理

4.2.1　线路故障电流特征分析

采用交流侧接地方式的柔性直流系统双极故障发生后，换流阀闭锁的同时发送跳开交流进线开关命令，在交流进线开关跳开后，存在的短路电流回路是通过上下桥臂、短路点的续流回路，在 A、B、C 三相均有，图 4-2 标示了 C 相的情况（箭头所指方向为短路电流正方向），各相短路电流峰值约为数千安培。

由于采用了电抗＋电阻接地装置，因此双极短路后，除了图 4-2 中所示的故障电流回路外，还存在流通于接地装置、桥臂的续流回路。该稳态电流流通的相与交流开关跳开时刻相关，峰值约为数十安培，如图 4-3 所示。

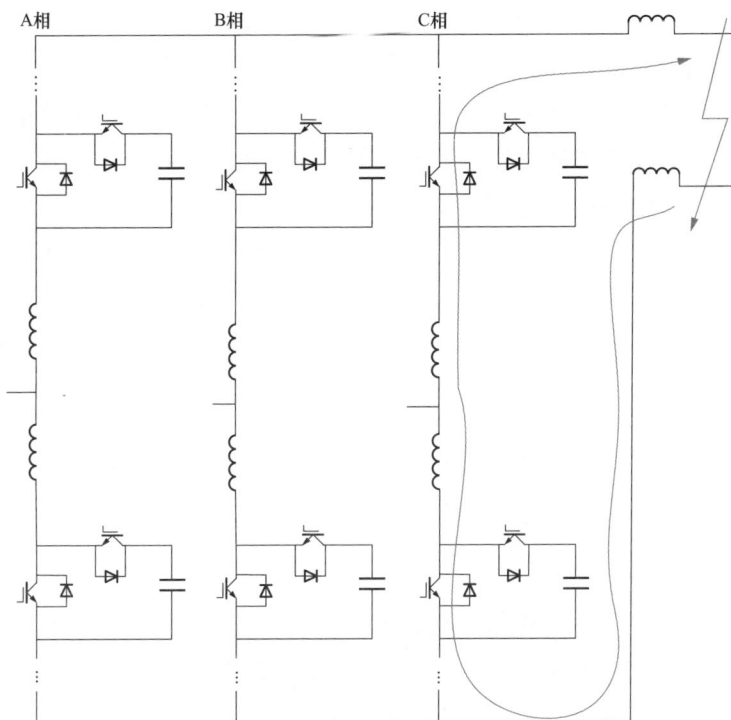

图 4-2　双极短路故障下的短路电流回路

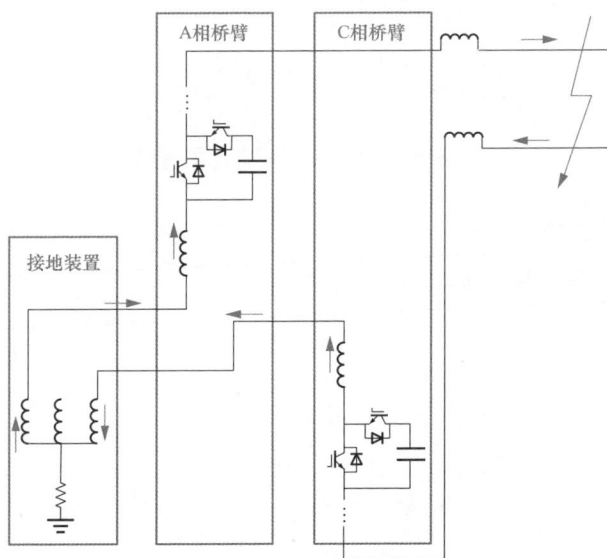

图 4-3　流经接地装置的短路电流回路

采用交流侧接地方式的柔性直流系统单极对地短路故障时，部分换流站有接地装置，在换流阀闭锁、交流进线开关跳开后，短路电流经过接地装置、故障桥臂流入短路点，如图 4-4 所示。由于故障回路电阻较大，因此单极短路电流衰减很快。采用交流侧接地方式的柔性直流输电系统在直流侧发生双极短路故障情况下，短路电流衰减很慢，短路电流衰减时间常数约为数百毫秒到数十秒。

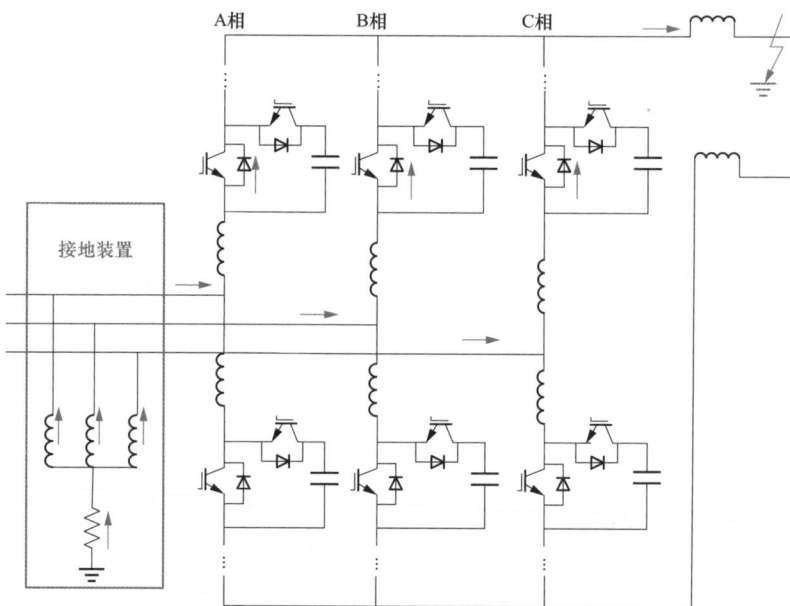

图 4-4　单极接地短路故障下短路电流回路

直流侧无论是发生双极短路、还是发生单极短路，在换流阀闭锁、跳开交流进线开关后，短路电流回路都可以简化为如图 4-5 所示的零输入 RL 串联电路。

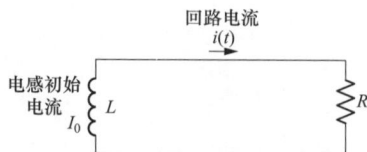

图 4-5　短路电流衰减电路

而采用直流侧接地方式的柔性直流输电系统在直流侧发生双极短路或单极接地故障情况下，故障电流衰减很慢，短路电流衰减时间常数约为百毫秒至数秒。因此在发生双极短路故障的情况下，跳开交流侧开关后，由于回路本身的阻尼电阻有限，导致故障电流的衰减速度较慢，在进行故障后重启动时，将大幅增加重启动时间，必须采取可靠有效的方案解决短路故障电流的衰减时间问题。

4.2.2　阻尼快速恢复系统原理

桥臂阻尼方案是在换流阀的上、下桥臂安装若干个阻尼模块，每个阻尼模块均由阻尼电阻、IGBT 并联组成。阻尼模块中 IGBT 和电阻的安装形式如图 4-6 所示。正常运行情况下，阻尼模块中的 IGBT 保持开通状态，阻尼电阻被旁路；在直流侧发生故障的情况下，阻尼模块的 IGBT 闭锁，阻尼电阻流过故障电流。由于阻尼电阻串联在故障电流回路中，可加速故障后桥臂电抗器内残余能量的释放，减少短路电流衰减时间[6~7]。

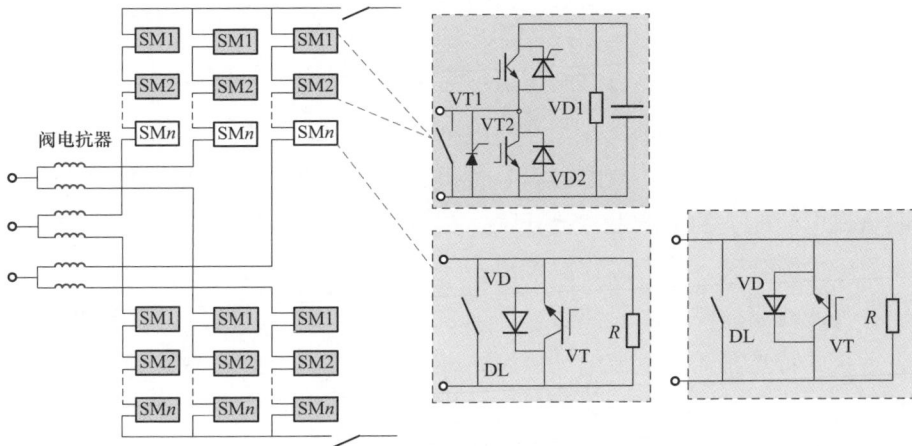

图 4-6　柔性直流换流阀增加桥臂阻尼模块示意图

在换流阀的上、下桥臂安装若干个阻尼模块后，短路电流回路中增加了阻尼电阻，如图 4-7 所示。

图 4-7 中 r_n 为三相桥臂阻尼器的等效电阻。对于故障电流回路，r_n 为 0.667 倍单桥臂阻尼电阻（R_b）。r_n 接入后，短路电流衰减时间常数由数百毫秒至数秒减小为数十毫秒。

回路电流
$i(t)$

电感初始
电流
I_0
L

R

r_n 阻尼电阻

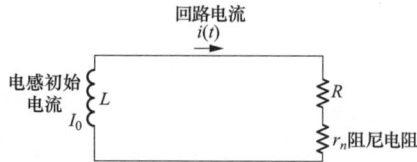

图 4-7　增加阻尼电阻后的电流衰减电路

对于装有接地装置的系统故障电流回路，由于接地装置电阻值较大，r_n 接入对电流衰减时间常数影响不大。但此故障电流回路电流只有数十安培，可由谐振型直流开关分断；也可将交流开关设置在阀侧，交流开关跳闸时将接地装置一起切除即可分断该故障电流回路。

交流开关跳开后，r_n 接入使直流侧故障电流由数千安在一两百毫秒内快速衰减到数百安培。由于故障电流的指数衰减特征，从数百安培衰减到自然过零仍需数百毫秒至数秒。

换流器增加阻尼后，解锁时，阻尼模块中的 IGBT 与 MMC 子模块一起解锁并保持开通状态；由于故障导致换流器闭锁时，阻尼模块中的 IGBT 与 MMC 子模块一起闭锁，因此阻尼模块不影响控制保护系统对一次系统故障的检测判别。故障后桥臂电流方向与阻尼模块中二极管方向相反时，电流流经阻尼电阻。不管何种故障类型，只要故障电流流经 6 个桥臂的全部或部分阻尼电阻，与无阻尼模块相比，故障电流总是相应减小，且衰减更快[8~9]。采用具有分断直流电流能力的谐振型直流开关，在阻尼电阻将电流衰减到数百安培后迅速将故障电流分断，将故障线路隔离。

在直流线路故障成功隔离后，健全系统将进入重启动阶段。由于柔性直流输电系统的特点是需要直流电压控制站来平衡直流网络的功率，因此优先解锁定直流电压控制站维持直流电压稳定，经过适当的延时后分别解锁功率控制站并恢复功率传输。各功率控制站的解锁时间可根据系统研究的结果决定。

4.2.3　简单算例分析

对加装阻尼前后故障电流进行仿真验证，系统直流电压等级为 $\pm 200kV$，额定输送容量 300MW，工程设计的桥臂电抗器为 119mH，桥臂电抗器的电阻约 0.107Ω，换流阀闭锁后的导通电阻约 0.025Ω，直流侧平波电抗器为 20mH。

在每个桥臂中配置了总阻值为 8Ω 的桥臂阻尼电阻，针对典型阀区故障，进行有无阻尼模块对故障电流的影响仿真分析。典型阀区故障位置如图 4-8 所示。

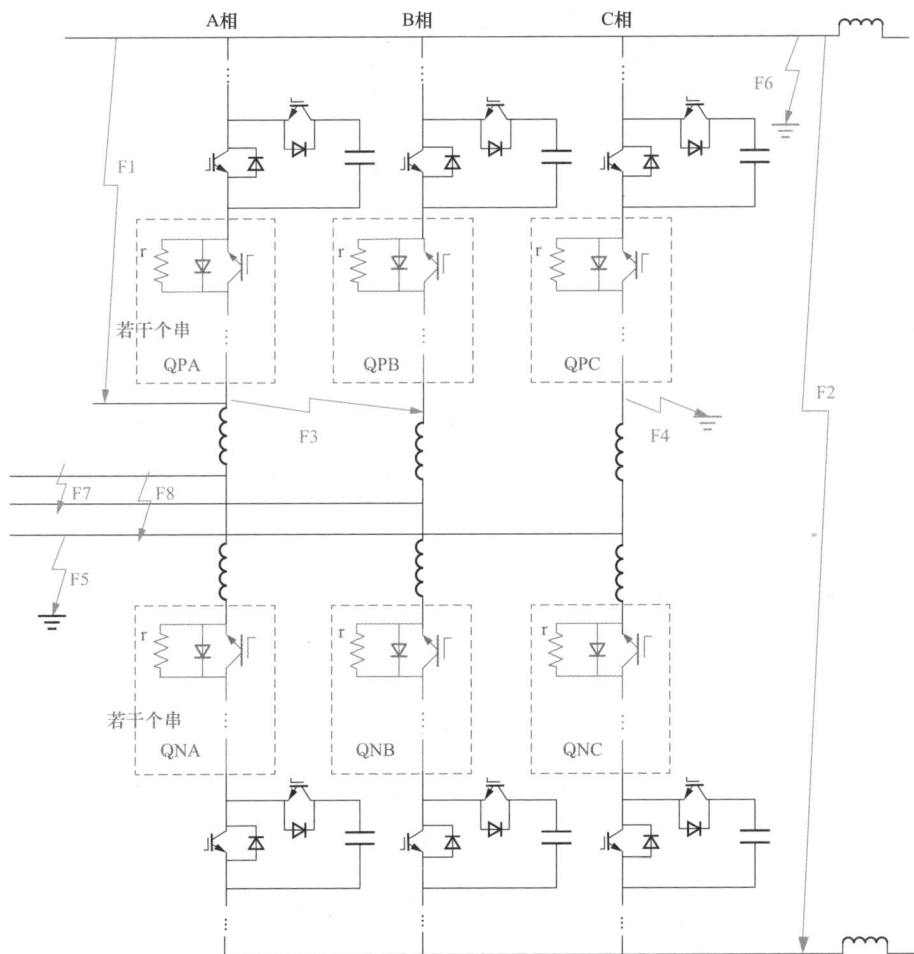

图 4-8　典型阀区故障位置示意图

以短路电流最为恶劣的平波电抗器阀侧双极短路（F2）故障为例进行分析，联结变压器阀侧电流对比见图 4-9，桥臂电流对比见图 4-10。

从以上仿真结果可以看出，1.5s 时刻故障发生，阀侧交流电流出现直流偏置，未加入阻尼时，阀侧交流电流最大值达到了 7kA，电流衰减较慢；而加入阻尼后，阀侧电流不超过 5kA，电流衰减较快。换流阀桥臂电流同样在未加入阻尼时，最大值达到了 7kA，电流衰减较慢；而投入阻尼后，桥臂电流不超过 5kA，电流衰减很快。

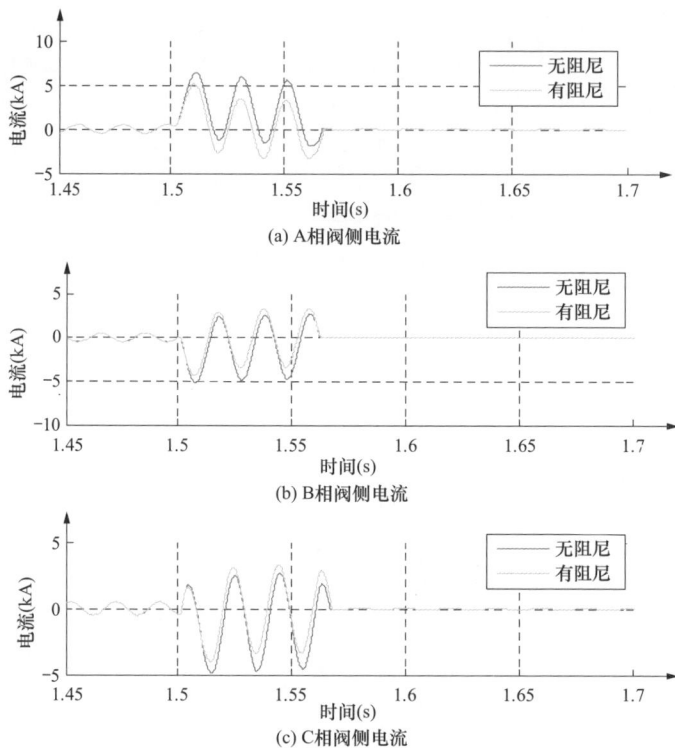

(a) A相阀侧电流

(b) B相阀侧电流

(c) C相阀侧电流

图 4-9　平波电抗器阀侧双极短路故障联结变压器阀侧电流波形

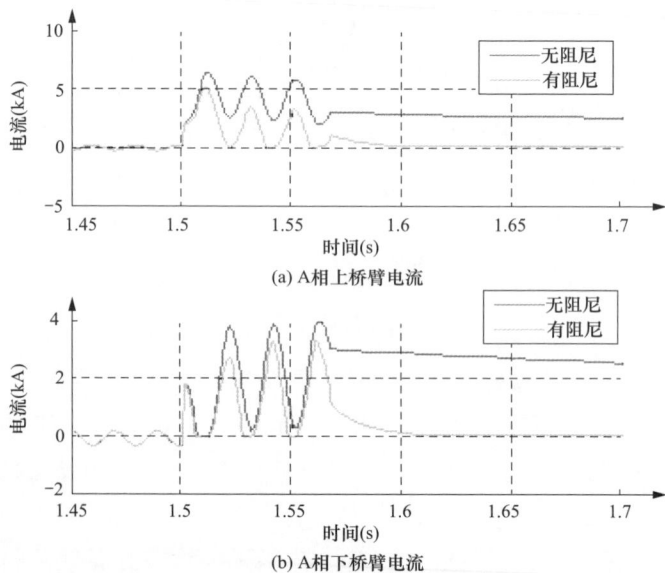

(a) A相上桥臂电流

(b) A相下桥臂电流

图 4-10　平波电抗器阀侧双极短路桥臂电流波形（一）

(c) B相上桥臂电流

(d) B相下桥臂电流

(e) C相上桥臂电流

(f) C相下桥臂电流

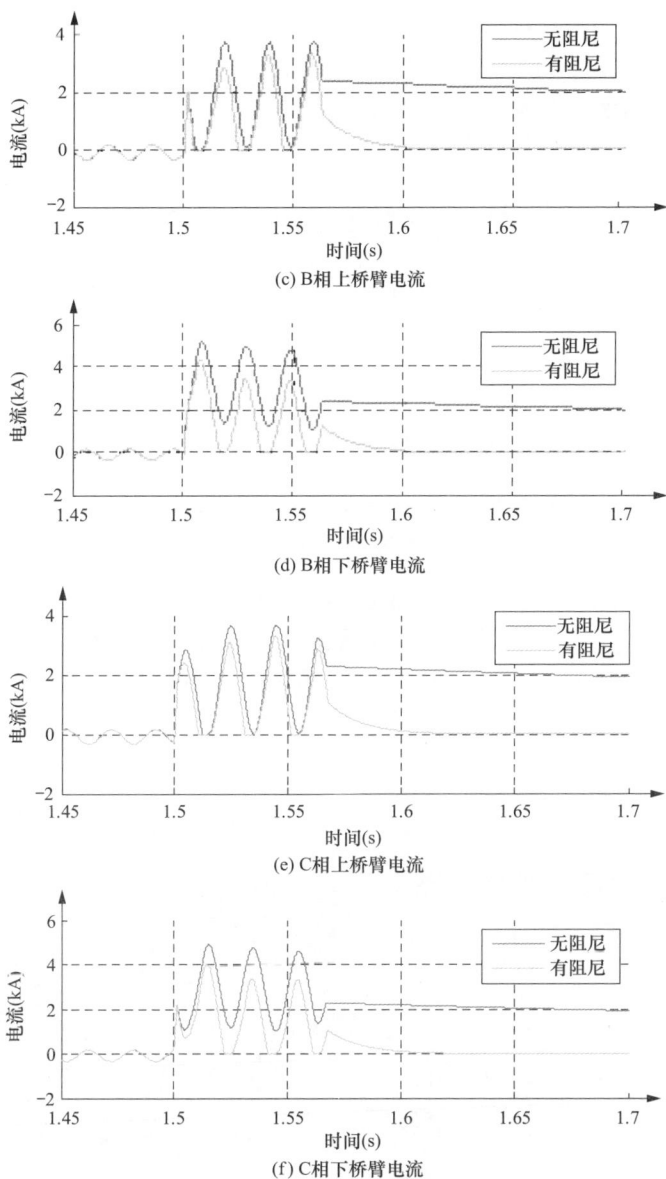

图 4-10　平波电抗器阀侧双极短路桥臂电流波形（二）

　　综上仿真结果，换流阀闭锁后，相当于三相交流电压通过二极管桥在直流侧短路，交流系统侧故障电流中的交流分量较大，故障电流中的直流分量不会导致交流电流过零点延迟。但有阻尼情况下交流系统侧故障电流的直流分量衰减速率明显快于无阻尼情况。

桥臂故障电流中的交流分量在交流断路器跳开后消除，而桥臂故障电流中的直流分量在有阻尼情况下衰减速率明显快于无阻尼情况。

4.3 桥臂阻尼的设计

4.3.1 桥臂阻尼器电气设计

1. 桥臂阻尼电路拓扑设计

桥臂阻尼采用模块化、分布式设计方案，在柔性直流换流器的每个桥臂中级联若干个桥臂阻尼模块。桥臂阻尼模块是桥臂阻尼器的基本构成单元。根据高位取能方式的不同，桥臂阻尼模块有不同的电路设计[10~11]。

（1）高位他励取能的桥臂阻尼模块。此种取能方式的桥臂阻尼模块的电路原理如图 4-11 所示。阻尼模块主要由阻尼电阻 R、IGBT、旁路开关 DL 以及模块的控制和取能电路等部分组成。模块采用等电位连接方式，所有金属部件和电容负端连接。冷却方式为水冷，两个 IGBT 水路串联。

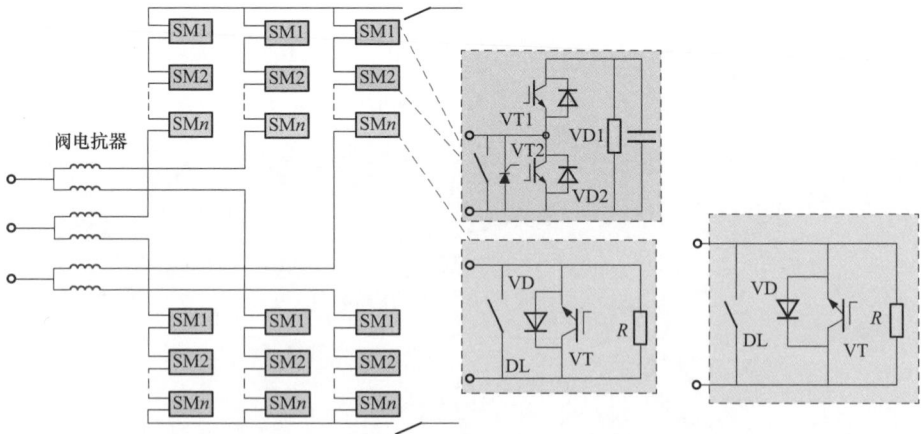

图 4-11　MMC 换流器及阻尼模块的电路原理图

桥臂阻尼的模块采用他励高位取能，即阻尼模块的辅助供电来自相邻的换流阀功率模块，如图 4-12 所示。

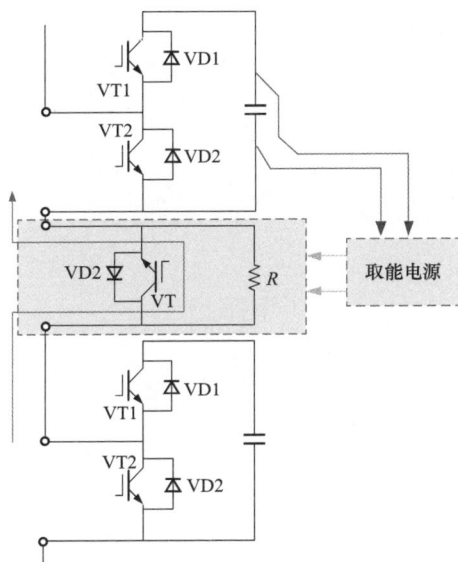

图 4-12 阻尼模块电气连接示意图

桥臂阻尼模块有三种运行状态，如表 4-1 所示。

表 4-1   **桥臂阻尼模块运行状态**

运行状态	阻尼模块 IGBT 导通	阻尼模块 IGBT 闭锁	阻尼模块故障旁路

示意图	$i>0$
	  $i<0$
		$i>0$
		  $i<0$
			$i>0$
			  $i<0$

（2）基于高位自取能设计阻尼模块单元。采用高位自取能方案的桥臂阻尼模块电路原理如图 4-13 所示，包括两个 IGBT 开关模块、独立二极管 VD3、储能电容 C_1、阻尼电阻 R_1、避雷器 F、旁路开关 K1、电源系统和控制系统[12]。VT1 的集电极和阻尼器拓扑电路的引出端 X2 相连，发射极和 VT2 的发射极相连；VT2 的集电极和阻尼器拓扑电路的引出端 X1 相连。

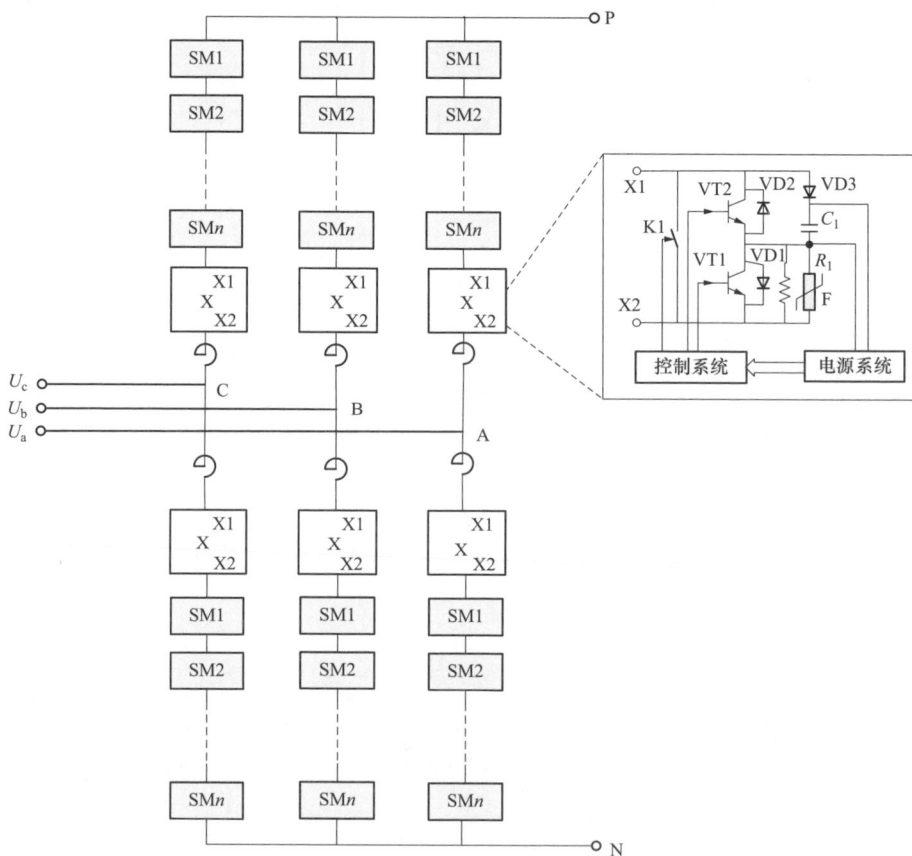

图 4-13　高位自取能设计桥臂阻尼器及阻尼模块原理图

阻尼器拓扑电路的工作状态有启动充电状态、双向电流流通状态、正向电流补能状态、故障电流阻尼状态或者故障旁路状态。

1）启动充电状态：阻尼模块流过正向电流时，控制系统不发出控制信号，旁路开关 K1 断开，开关管 VT1 和开关管 VT2 也断开；正向电流流经续流二极管 VD3、储能电容 C_1 和续流二极管 VD1，使储能电容 C_1 通过独立二极管

VD3、续流二极管 VD1 充电。阻尼模块充电过程中反向电流通过 R_1 和 VD2 流通。

2）双向电流流通状态：控制系统控制开关管 VT1 及开关管 VT2 开通，使电流可以双向流通；正向电流流经开关管 VT2、续流二极管 VD1，反向电流流经开关管 VT1、续流二极管 VD2。

3）正向电流补能状态：在正向电流下，控制系统控制开关管 VT1 开通，开关管 VT2 关断，使正向电流通过独立二极管 VD3、续流二极管 VD1 为储能电容 C_1 充电。

4）故障电流阻尼状态：在阻尼器拓扑电路外部故障下，控制系统控制开关管 VT1 及开关管 VT2 关断，故障电流流过续流二极管 VD2 和阻尼电阻 R_1，以抑制故障电流。

5）故障旁路状态：当阻尼器拓扑电路内部故障时，控制系统控制旁路开关 K1 开通，以将阻尼器拓扑电路切除。

2. 桥臂阻尼器的电压应力分析

换流器增加桥臂阻尼模块后，换流阀每个桥臂为多个子模块、多个阻尼模块串联。下面对各种过电压下，换流阀端间的耐受能力进行分析。

在正常运行情况下，阻尼模块 IGBT 持续导通，桥臂两端的工作电压仍由模块电容串联承受；在换流站内部故障下，换流阀闭锁，桥臂两端的过电压主要由模块电容、阻尼模块串联承受。

对于采用他励取能的桥臂阻尼模块，操作冲击下，阻尼模块 IGBT 器件 VT 管两端的电压取决于电阻 R 两端的电压。在操作冲击电流峰值时，R 的取值需要满足 VT 管的电压耐受要求。

对于采用自取能的桥臂阻尼模块，操作冲击下，VT1 管两端的电压取决于电阻 R_1 两端的电压。在操作冲击电流峰值时，R_1 的取值需要满足 VT1 管的电压耐受要求。VT2 管两端的电压取决于电容 C_1 两端的过电压水平。需要校核在操作冲击下，C_1 电容电压是否满足 VT2 管的耐压水平。

3. 桥臂阻尼的电流应力分析

桥臂阻尼模块布置于换流阀桥臂，与换流阀模块串联连接，其作用是在直流系统短路故障时，迅速投入阻尼电阻，加速系统短路故障电流的衰减。桥臂阻尼单元具有承受额定电流、过负荷电流及各种暂态故障电流的能力，其通电流能力主要受到全控开关器件 IGBT 和阻尼电阻的限制。桥臂阻尼参数选型应保证在各种工况下阻尼模块的安全性。

换流器解锁运行前,桥臂阻尼处于闭锁状态,换流阀充电电流将流过桥臂阻尼模块的充电电阻;换流器解锁运行后,桥臂阻尼的功率器件处于触发导通状态,功率器件中将流过换流阀桥臂电流,阻尼模块的阻尼电阻被功率器件短路;故障状态下,系统同时发出闭锁换流阀和闭锁桥臂阻尼的指令,换流阀桥臂中将流过较大的短路故障电流,由于阻尼模块的功率器件处于闭锁状态,短路故障电流将流过桥臂阻尼的阻尼电阻。

4. 阻尼模块开关器件选型

阻尼模块中开关器件采用全控型功率器件,每个阻尼模块含 1 只 IGBT,具有导通和关闭两种正常状态。IGBT 的额定电流值满足换流阀桥臂通态情况下通流量的要求,工作电流为有偏置的正弦波电流。每只 IBGT 元件都具有独立承担额定电流、过负荷电流及各种暂态冲击电流的能力。

5. 阻尼模块散热冷却

换流器正常工作时,桥臂阻尼模块中 IGBT 功率元件处于导通状态,IGBT 流过桥臂电流,产生热量。因此阻尼模块需采用强制冷却措施,将阻尼模块中 IGBT 功率元件直接贴装在散热板上,系统运行时,冷却介质流过和 IGBT 直接接触的散热器,吸收并带走半导体元件上所散发的热量。

换流阀桥臂电流由低电位流向高电位时,桥臂阻尼模块的 IGBT 中流过电流;换流阀桥臂电流由高电位流向低电位时,桥臂阻尼模块的续流二极管中流过电流。桥臂阻尼在换流器运行过程中处于常通状态,阻尼器的损耗为通态损耗。

6. 阻尼模块控制单元

阻尼模块的就地控制系统如图 4-14 所示。SMC(Sub-module control uint)作为阻尼模块单元的控制核心,通过光纤接收 VBC 的控制命令,主要包括 IGBT 的控制信号、旁路开关的控制信号,再解码控制指令,发给相应的驱动电路[10~12]。

SMC 同时采集阻尼模块的相关状态,如开关状态、IGBT 状态和阻尼电阻的状态等,编码后反馈给 VBC,用于监视阻尼模块单元是否正常工作。

SMC 是桥臂阻尼的就地采集控制系统;VBC 需要采集所有阻尼模块的模拟量信息,同时监视所有子单元的各设备状态。对于一个桥臂而言,VBC 与所有 SMC 形成了一个大的并行分布式系统:SMC 将子单元信息就地采集,通

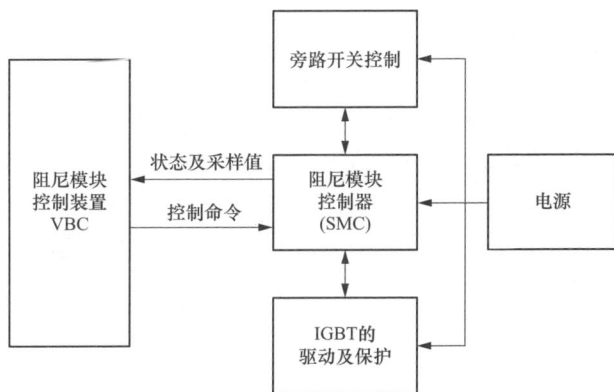

图 4-14　阻尼模块就地控制系统工作示意图

过高速工业通信总线传输给 VBC；VBC 同时处理所有 SMC 的信息并实时根据各子单元的工作状态，合理分配其投入或者退出，并将控制命令同时分发给各子单元。

7. 阻尼模块故障检测及保护

阻尼模块的保护分为器件级的保护和模块级的保护两个层次。IGBT 作为桥臂阻尼的核心器件，其保护相当重要，包括过压保护、过流保护、短路保护等。

器件级的保护主要是围绕 IGBT 核心器件来设计的，包括：①基于数字驱动的多级过流保护，与系统级过流保护配合，提供良好的故障穿越能力；②基于 di/dt 和退饱和检测的双重短路保护，保护动作时间小于 $10\mu s$，系统可靠性进一步提高；③基于功率模块杂散电感量化的模块过压保护，保证了换流阀在暂态过流、系统故障下的工作能力。

模块级保护主要依靠子模块控制单元（SMC）来判断和实施：一方面在器件保护动作后，利用旁路开关对功率模块的内部故障进行隔离；另一方面检测功率模块内部的异常情况，并执行旁路模块、故障报警、请求闭锁或请求跳闸等命令。

8. 桥臂阻尼模块旁路开关

阻尼模块中旁路开关用于实现故障子模块的快速旁路，在故障发生时通过闭合旁路开关使故障子模块退出运行。

每个换流阀子模块配置一台旁路开关。旁路开关具有合闸保持能力，当旁路开关合闸后需要手动分闸，旁路开关动作时间≤3.5ms。

9. 阻尼模块取能电源

桥臂阻尼采用高位自取能模式，满足多端柔性直流输电系统在不同启动方式下子模块电子电路供电需求。功率模块的电源输入来自直流电容，在预充电阶段，电容电压逐步提升，在电压较低时，取能电源可靠闭锁，不输出电压，当直流电容电压高于阈值时，取能电源应快速启动，稳定输出电压，为模块内部的控制电路板（SMC）提供电源，功率模块进行自检后正常工作。取能电源应能满足换流站多种工况的启动、运行的要求，输入电压通常在数百伏到数千伏范围内波动，还要能够满足宽范围输入条件，为驱动、模块级控制电路提供稳定供电的要求。

10. 接口描述

阀控装置 VBC 与阻尼单元之间需要信息传输通道。VBC 在地电位，子模块单元处于换流阀的不同位置，相对地电位而言都是处于高电位的。VBC 需要将触发信息等控制信号传递给 SM 单元，同时 SM 单元将电压、状态监视信息反馈给 VBC。

由于信号传输的两端压差较大，设计采用具有高绝缘性能的光纤完成 VBC 与 SM 单元之间的信号传输。光纤需要具备在较高湿度以及长时间承受高压的环境下不被击穿的能力。

在高压端流阀侧，子模块控制器上的光纤收发器采用全金属外壳设计。

如图 4-15 所示，阀控制装置 VBC 和功率模块通过两根光纤相连，一根发送，一根接收。VBC 的所有控制信号通过编码之后传送到阻尼模块的就地控制板 SMC，SMC 通过解码之后，控制 IGBT 和旁路开关。

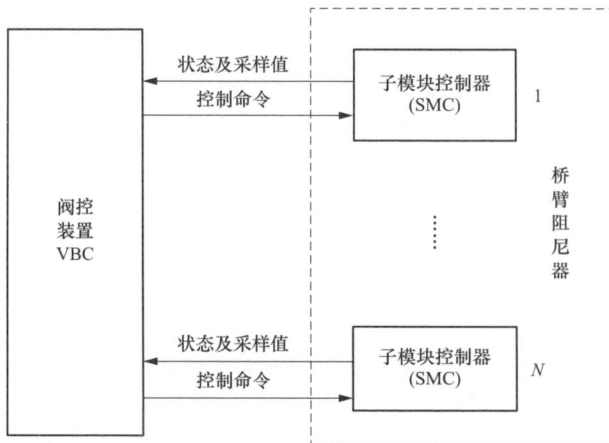

图 4-15　VBC 装置与阻尼模块的信号传输示意图

SMC采样的电容电压及其他状态信号等通过编码上送到阀控系统；阀控装置通过解码，判断功率模块的运行状态。

4.3.2　桥臂阻尼器结构设计

桥臂阻尼器在设计上是以若干模块组成的桥臂阻尼单元为单位，根据不同工程的参数、现场情况，可以提供不同的布局方案，做到对外接口清晰、内部走向清晰、方便安装和检修维护。

1. 阻尼模块结构设计

阻尼模块的结构设计应结合阀塔的布置方式和结构尺寸进行，可以在阀塔空槽位中加入由 IGBT 和阻尼电阻并联组成的阻尼模块，阻尼模块的结构与阀塔中的子模块采用一致的结构和接口设计。阻尼模块也可独立于换流阀模块集中布置。图 4-16 为桥臂阻尼模块结构示例，采用的是抽拔式设计，方便安装、检修和维护。换流阀塔支架上安装并列布置的导轨，子模块推入和拉出时底盘与导轨之间为滚动摩擦，很容易推入和拔出。

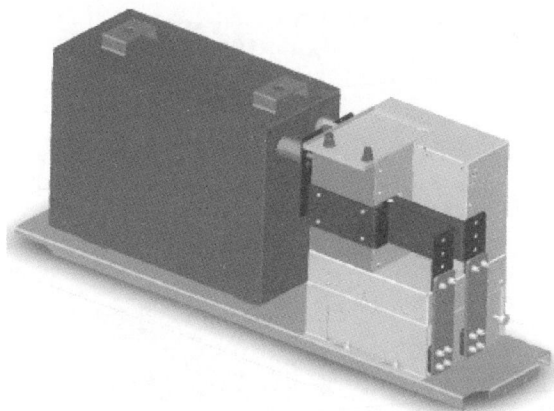

图 4-16　桥臂阻尼模块结构示例

2. 桥臂阻尼的整体布置

桥臂阻尼的布置可以分为分布式布置和集中式布置两种方式。对于采用高位他励取能的桥臂阻尼模块，桥臂阻尼宜采用分布式布置方案，将桥臂阻尼模块嵌入布置于换流阀塔，桥臂阻尼模块从相邻的换流阀功率模块单元取能。桥臂阻尼单元结构及分布式布置方案如图 4-17 所示。

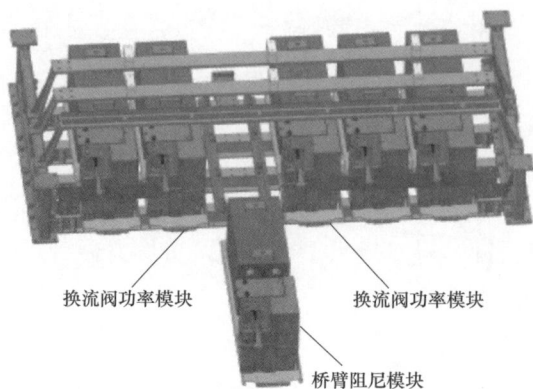

图 4-17　桥臂阻尼单元结构及分布式布置方案

对于采用高位自取能的阻尼模块，桥臂阻尼单元中的阻尼模块可以采用分布式布置，也可以采用集中布置，将换流器一个桥臂中需要引入的阻尼模块集中布置于一个阀塔单元。桥臂阻尼单元的集中式布置方案如图 4-18 所示。

图 4-18　桥臂阻尼单元的集中式布置方案

4.3.3　桥臂阻尼控制保护系统设计

1. 控制保护系统分层结构

阻尼控制系统的架构类似于换流阀子模块的控制系统，也分为三个层级，即极控层、阀控层和模块层，三者之间通过光纤通信紧密联系，如图 4-19 所示。极控层及其上层的运行人员控制系统集成在原有的极控装置 PCP 中，运行人员控制系统也集成在原有的运行人员控制系统中。

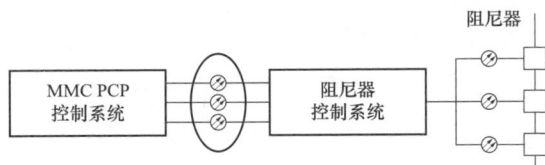

图 4-19　桥臂阻尼的控制保护系统原理图

2. 现场总线设计

桥臂阻尼的控制保护系统的各层级之间通过光纤总线通信，主要包括 PCP 与 VBC 之间的光纤总线和 VBC 与 SMC 之间的光纤总线。

PCP 与 VBC 之间的光纤总线按照点对点形式连接，PCP 的双系统与 VBC 的双系统不交叉互联，VBC 的值班系统跟随 PCP。PCP 向 VBC 下发数据的通信协议遵循 IEC 60044-8，数据中至少包含解锁命令；VBC 向 PCP 上报的通信协议遵循 IEC 60044-8，数据中至少包含跳闸请求以及阀控装置的各级故障；另外 PCP 还需要向 VBC 下发值班状态。值班状态信号最好单独配置光纤，信号按照频率调制的形式下发，1MHz 的方波代表值班状态，10kHz 的方波信号代表非值班状态，二者皆不是的信号代表错误信号。VBC 根据收到的频率调制信号来选择自身的值班系统，从而实现 VBC 的值班系统跟随PCP。

VBC 与 SMC 之间的光纤总线也按照点对点的形式连接。一次设备及其配套 SMC 只有单系统，VBC 双系统的控制命令通过光纤接口板汇总并选择，然后通过下行光纤发送给 SMC；SMC 将其监视到的阻尼模块的状态返回给光纤接口板，然后再返回给 VBC 的双系统。

3. 控制功能设计

阻尼模块的控制模式主要分为，投入阻尼和退出阻尼两种，根据阻尼模块的拓扑结构，投入阻尼对应 IGBT 闭锁，退出阻尼对应 IGBT 解锁。换流站正常解锁运行时应该退出阻尼，即解锁阻尼模块；换流站发生故障并闭锁后应该投入阻尼，即闭锁阻尼模块。全站阻尼模块的解闭锁状态一致，根据 PCP 下发的解闭锁命令复制给全站的阻尼模块。阻尼模块的控制功能简单可靠，在硬件接口数目允许的条件下全站可以配置一台阻尼器控制保护装置。

4. 控制系统监视

系统监视的目的是监视控制保护系统的所有硬件模块，并在适当的时候产生报警、系统切换等动作。部分软件模块与系统硬件相关性很强，这个模块也会处于系统监视之下。系统监视与保护的功能是相对独立的，前者对保护产生的信号不进行任何处理。系统监视的很大一部分工作是对现场的开关量和模拟量总线，如现场控制 LAN 网和 IEC 60044-8 总线的监视。

根据故障程度的不同，监视到的故障分为轻微、严重和紧急三种。根据故障类型，系统将做出报警、系统切换等不同的动作响应。在系统切换的过程中，两套系统中较为完好的处于值班状态，因此轻微故障不会危害系统的正常运行，也不会使系统失去重要的保护控制功能。

如果另外一套系统处于备用状态且无轻微故障（状态优于现有系统），轻微故障将导致系统切换。先前运行的系统将成为备用，轻微故障将不会使先前运行的系统（发生轻微故障的系统）复位，目的是保证了当新的运行系统发生更严重的故障时，可以切换回有轻微故障的系统。

如果发生严重故障的系统处于备用状态，将引发系统的复位；如果处于运行状态将引起系统切换，严重故障的系统切换至备用状态后再进行复位。如果无备用系统，严重故障系统只报警但将继续运行。

如果发生紧急故障的系统处于备用状态，将引发系统的复位；如果处于运行状态将引起系统切换，紧急故障的系统切换至备用状态后再进行复位。如果没有备用系统或备用系统也发生了紧急故障，则闭锁换流器，跳交流回路断路器。

4.4 谐振开关设计

4.4.1 谐振开关电气设计

谐振开关电路原理如图 4-20 所示，由 3 个并联支路组成，即开断装置 B、电抗器 L 与换相电容器 C 串联支路、避雷器（非线性电阻器）R。应用于柔性直流输电系统极线上的谐振开关，是在传统成熟无源型直流转换开关的技术基础上，针对实际柔性直流极线具体应用场合，进行电气、结构的详细适配设计[13～14]。

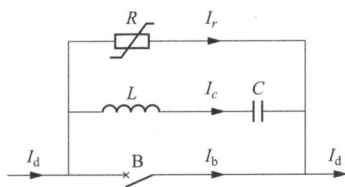

图 4-20　谐振开关电路原理图

谐振开关在额定电压下应无外部电晕，二次系统必须满足 GB/T 11022《高压开关设备和控制设备标准的共用技术要求》要求，且二次系统在规定的 EMC 环境中不应发生误操作。

1. 开断装置

开断装置的额定运行电压、额定运行电流、最大持续运行电流、额定短时耐受电流、额定峰值耐受电流、过电压等参数要符合柔性直流工程的系统要求。谐振型直流开关中的断路器必须实现 O－C 操作循环，在操动机构失电的情况下，断路器从闭合位置可以实现打开再闭合的操作。此功能可保证断路器在开断失败或电动机掉电条件下也能到达闭合位置。

2. LC 回路

LC 回路的设计要综合考虑经济性及技术性，来选择电容器组的电容值及电抗器的电感值。由于自激振荡频率 $\omega = \dfrac{1}{2\pi\sqrt{LC}}$，因此 LC 参数越小，自激振荡频率越大；相对而言，电容值对直流电流熄弧性能的影响更为明显，电感值的影响不如电容值明显。电容值越大，振荡幅值的增加越快，直流电流振荡熄弧所需的时间越短，越利于直流开断；随着电感值的增加，直流电流振荡熄弧所需的时间先减小后增大，即存在一个利于直流开断的最佳电感值。

3. 避雷器参数

对于避雷器支路，最重要的性能参数是其放电电流下的残压和能量吸收能力。在断路器电弧熄灭之后，直流电流对电容器充电至避雷器动作电压后，通过避雷器放电释放能量将直流电流减小为零。根据研究，残压水平越高，越有利于快速减小直流电流，然而过高的残压水平会增加避雷器本身的成本和其他元件的绝缘成本。

应用于柔性直流输电系统极线的谐振开关，其避雷器支路与应用于高压直流输电系统的直流转换开关设计不同。谐振型直流开关在直流系统中，一方面要考虑开断直流故障电流后电容残存电压，另一方面要考虑直流系统故障后重启动过程对谐振型直流开关的影响，所以避雷器的设计需要在整个系统设计中进行。

综合考虑开断故障电流后电容残压、柔性直流输电系统故障重启动过程中 LC 回路的电压冲击，谐振型直流开关的避雷器的作用更主要是实现 LC 回路、开关本体的电压保护。在谐振型直流开关拉断故障电流时，不同于应用在高压直流输电中的转换开关，避雷器本身并不会动作而消耗 LC 回路中电容上的储存能量。

4.4.2　谐振开关结构设计

谐振开关总体结构如图 4-21 所示，其转换回路及避雷器放置于绝缘平台上，以保证对地绝缘距离。

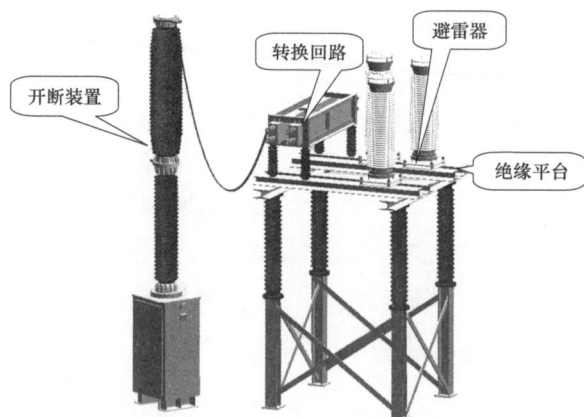

图 4-21　谐振开关总体结构

1. 开断装置

开断装置整体结构如图 4-22 所示，采用直动结构，主要由接线板、灭弧室、支柱、液压操动机构等组成。

2. 绝缘平台

绝缘平台应对地绝缘，安装在支柱绝缘子上，支柱绝缘子安装在钢支架上。电容器、电抗器、避雷器安装在绝缘平台上。电容器、避雷器、SF₆断路器与绝缘平台有电气连接，电抗器与绝缘平台绝缘。

绝缘平台的抗震设计要保证结构各部件破坏应力安全系数都大于 1.67，抗震计算模型示意图如图 4-23 所示。

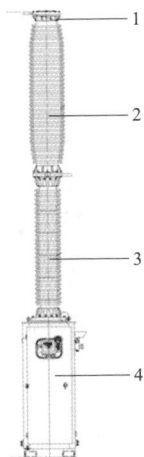

图 4-22　开断装置整体结构

1—接线板；2 灭弧室；3—支柱；4—液压操动机构

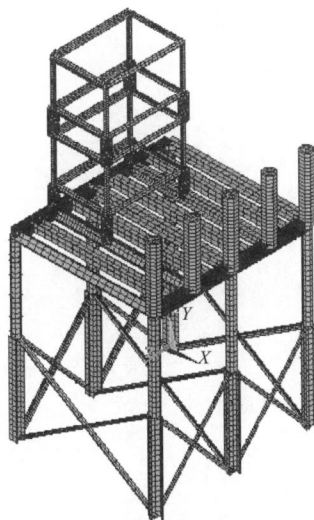

图 4-23　绝缘平台抗震计算模型示意图

4.4.3　谐振开关布置方案设计

图 4-24 是谐振开关在 ±200kV 柔性直流输电工程中的布置方案，柔性直流换流站整体布局紧凑，直流场布置有隔离开关、避雷器、测量设备等。谐振开关相对于其他直流场设备占地要求高，对于满足电气需求的谐振开关，结合实际工程空间要求，应力求设计小型化的紧凑型直流转换开关，实现柔性直流工程空间最优设计。

定海换流站	洋山换流站	衢山换流站
−200kV	−200kV	−200kV

定海换流站	洋山换流站	衢山换流站
+200kV	+200kV	+200kV

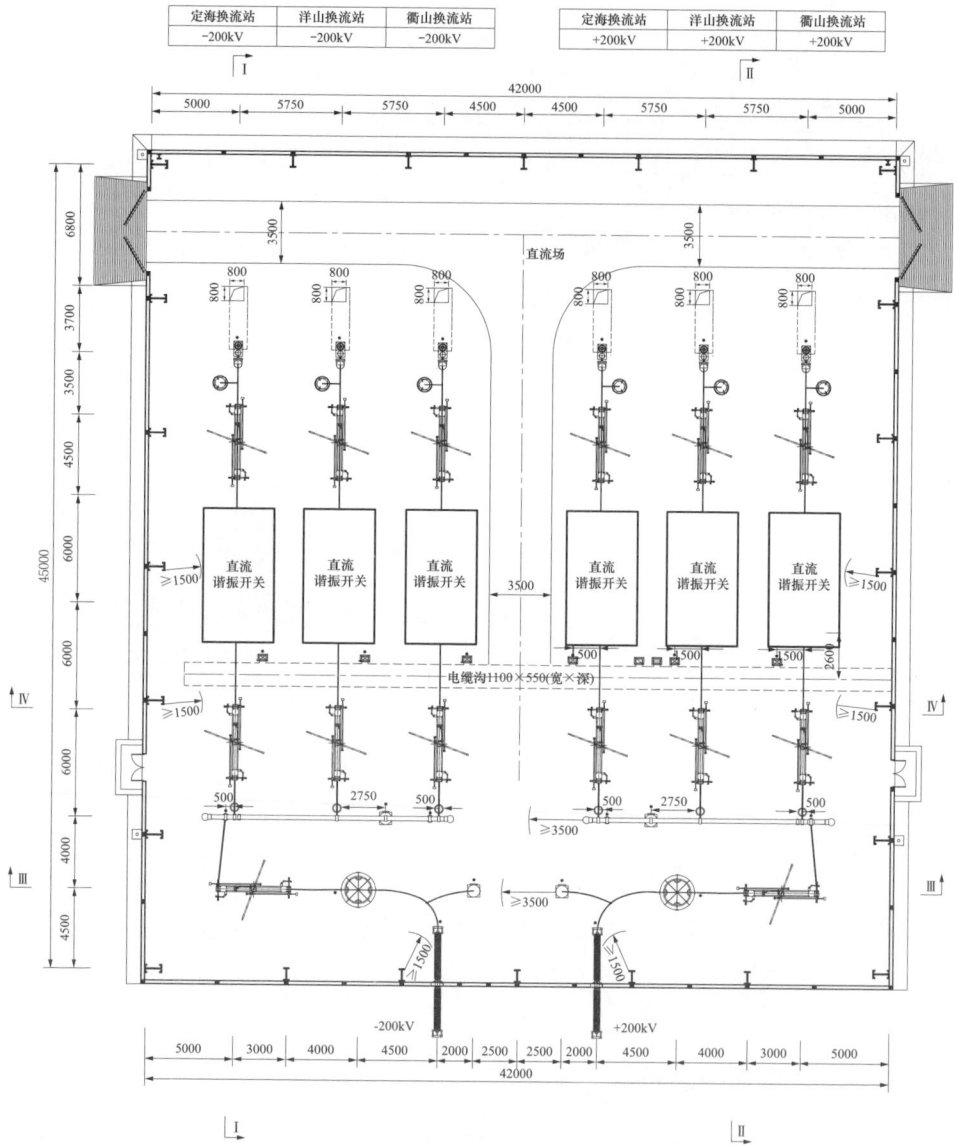

图 4-24　谐振开关布置图

参考文献

[1]　赵晓明，华文. 换流器阀侧零序电压保护异常原因分析及对策 [J]. 浙江电力，2015，8：1-3.

［2］　高强，林烨，黄立超，等．舟山多端柔性直流输电工程综述［J］．电网与清洁能源，2015，31（2）：33-39.

［3］　马钊．直流断路器的研发现状及展望［J］．智能电网，2013，1（1），12-17.

［4］　曹蕤，高文，李龙，等．超导限流式直流断路器布局结构设计［J］．高压电器，2017，53（1）：130-137.

［5］　吴亚楠，孔明，汤广福，等．直流电网的暂态特性和保护策略研究［J］．智能电网．2016，4（10）：994-1002.

［6］　周杨，贺之渊，庞辉，等．双极柔性直流输电系统站内接地故障保护策略［J］．中国电机工程学报，2015，35（16）：4062-4070.

［7］　何俊佳，袁召，赵文婷，等．直流断路器技术发展综述［J］．南方电网技术，2015．9（2）：9-16.

［8］　刘黎，俞兴伟，乔敏．直流断路器及阻尼快速恢复系统在舟山多端柔性直流输电工程中的应用［J］．浙江电力，2018，37（09）：8-13.

［9］　司志磊，陆翌，韩坤，等．基于桥臂阻尼阀组的模块化多电平换流器故障快速清除与系统恢复技术［J］．电力自动化设备，2018，38（04）：60-67，74.

［10］　谢晔源，曹冬明，李继红，等．一种实现柔直系统快速恢复的自取能故障阻尼器［J］．电力自动化设备，2017，37（07）：142-147，154.

［11］　马焕，姚为正，吴金龙，等．含桥臂阻尼的 MMC-HVDC 直流双极短路故障机理分析［J］．电网技术，2017，41（07）：2099-2106.

［12］　阙波，李继红，汪楠楠，等．基于桥臂阻尼的柔性直流故障快速恢复方案［J］．电力系统自动化，2016，40（24）：85-91.

［13］　凌卫家，孙维真，张静，等．舟山多端柔性直流输电示范工程典型运行方式分析［J］．电网技术，2016，40（06）：1751-1758.

［14］　尹寿垚，翟毅，吴昊，等．基于柔性直流输电技术的分布式发电在城市电网中的应用［J］．江苏电机工程，2013，32（04）：9-12.

5 高压直流断路器

5.1　概述

随着多端柔性直流输电和直流电网的发展，高压直流断路器的需求日益迫切[1,2]。根据所采用器件类型的不同，高压直流断路器主要分为机械式直流断路器、固态直流断路器以及结合上述两种类型断路器特点的混合式直流断路器三种。

5.1.1　机械式直流断路器

20 世纪 80 年代，BBC 公司成功研制出 500kV/2kA 自激振荡型机械式直流断路器样机。该技术主要是利用传统交流断路器电弧弧压与并联电容、电感谐振的方式创造电流过零点，从而实现对故障电流的分断。

机械式直流断路器本质上是将传统交流机械开断单元应用到不同直流拓扑中，由此实现直流开断[3]。其分断直流电流有三种方式：①利用交流机械开关实现直流断路器功能；②通过人工电流过零点完成直流开断；③限制电流到足够小，完成电流的可靠分断。

图 5-1 所示为机械式直流断路器拓扑结构，工作原理为开断直流电流时，交流断路器 QF 打开并燃弧，由 LC 回路激发出幅值不断增大的自激振荡电流；当产生的振荡电流幅值超过系统电流时，会在 QF 中产生振荡过零点，QF 断口电弧将熄灭，由 MOV 避雷器吸收能量，最终完成开断。

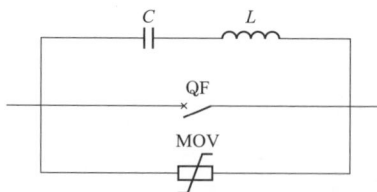

图 5-1　机械式直流断路器拓扑结构图

但是交流断路器分断速度长达数十毫秒，以及断路器自身具有的回路谐振特性，使得该方案存在分断时间长、分断电流小等不足，且只能分断负载电流而无法开断短路电路。

5.1.2　固态直流断路器

近年来，全控型器件的电压等级和通流能力不断提高，使得基于全控器件的固态直流断路器取得了发展和进步。

固态直流断路器的拓扑结构如图 5-2 所示，主要由全固态电力电子器件和吸收回路两部分组成[4]。

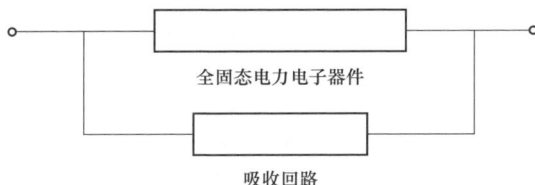

图 5-2　固态直流断路器拓扑结构图

系统正常运行时，直流电流全部通过全固态电力电子器件回路；一旦发生直流故障，通过闭锁触发脉冲使电力电子器件关断，线路中感性元件存储的能量使得断路器两端电压不断升高，当该电压大于吸收回路动作阈值时，吸收回路导通并吸收直流系统能量。

固态直流断路器目前只在中低压直流领域得到应用，限制其在高压场合应用的主要瓶颈在于全控器件的耐压通流能力。若在高压领域应用，固态直流断路器需要大量电力电子器件的串联，控制系统复杂，对电力电子器件的动作一致性有很高要求，同时有损耗大、成本昂贵等经济性问题。

5.1.3　混合式直流断路器

1. 基于晶闸管的混合式直流断路器

随着半导体技术的快速发展，为提高机械式直流断路器的分断速度及提高固态直流断路器的耐压等级，开始提出将半导体器件与机械开关结合的混合式直流断路器拓扑。由于晶闸管器件通流能力强、耐压高，在高压大功率场合应用广泛，因此各种基于晶闸管的混合式直流断路器陆续被提出[5]。

如图 5-3 所示，基于晶闸管的混合式直流断路器拓扑共有 4 条支路，即主支路 1，转移支路 2 和 3，耗能支路 4。

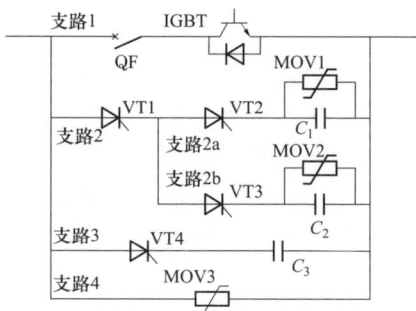

图 5-3 基于晶闸管的混合式直流断路器拓扑结构

基于晶闸管的混合式直流断路器采用 IGBT 闭锁创造主支路电流人工过零点，转移支路主要由晶闸管阀和电容器组成。支路 2 采用低压大电容 C_1、C_2，用于抑制快速开关分断过程中的电压上升速率；并联在电容器两端的避雷器 MOV1 和 MOV2 的作用是将电压限制在较低幅值。当快速机械开关完成分断后，触发晶闸管 VT4，支路 2 中的电容器向支路 3 放电，利用反向注入电流的方式强迫晶闸管阀 VT1 关断，短路电流对支路 3 中的电容器 C_3 放电，断路器电压迅速上升直至 MOV3 动作，实现分断短路电流。

2. 基于 IGBT 的混合式直流断路器

由于 IGBT 相比晶闸管具有更灵活快速的控制能力，基于全控型器件 IGBT 的混合式直流断路器被广泛研究。该类直流断路器由主支路、转移支路和耗能吸收支路三部分组成。其中，主支路主要由机械开关和电力电子开关串联构成；转移支路由电力电子开关器件串联构成；耗能支路通过避雷器吸收系统存储于感性元件中的能量。

（1）IGBT 串联混合式直流断路器拓扑。随着全控型半导体器件 IGBT 的发展应用，利用其可关断特性插入阻抗，能可靠地实现强迫换流。图 5-4 所示为 IGBT 串联混合式直流断路器拓扑。

IGBT 串联混合式直流断路器工作原理是：通过闭锁负荷换流开关强迫短路电流转移至由大量 IGBT 直接串联构成的主断路器中，超高速机械开关在零电流、零电压条件下分断，直至其产生足够开距能够耐受直流断路器分断过电压后，主断路器闭锁，直流断路器两端电压上升直至避雷器保护动作，系统存储于感性元件中的能量被避雷器所吸收，直流断路器完成短路电流分断[6]。该拓扑由 ABB 公司提出，并于 2011 年完成了额定电压 80kV、额定电流 2kA、分断时间 5ms、分断电流 8.5kA 的样机研制。

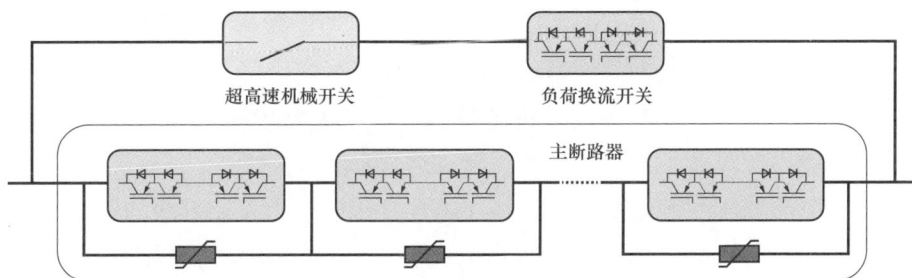

图 5-4 IGBT 串联混合式直流断路器拓扑结构

（2）全桥级联混合式直流断路器拓扑。图 5-5 所示为全桥级联混合式直流断路器拓扑。正常运行时，全桥模块处于导通状态，负荷电流经上下桥臂流通；系统发生故障时，通过 2 次换流实现电流分断。第 1 次换流发生在主支路与转移支路之间，主支路全桥模块闭锁，转移支路处于导通状态，当主支路向转移支路换流完成后快速机械开关分断；第 2 次换流发生在转移支路与耗能支路之间，快速开关完全分断后，由大量全桥模块级联构成的转移支路闭锁，短路电流对模块电容充电直至避雷器保护动作，完成换流，并实现系统所存储感性能量耗散[7]。

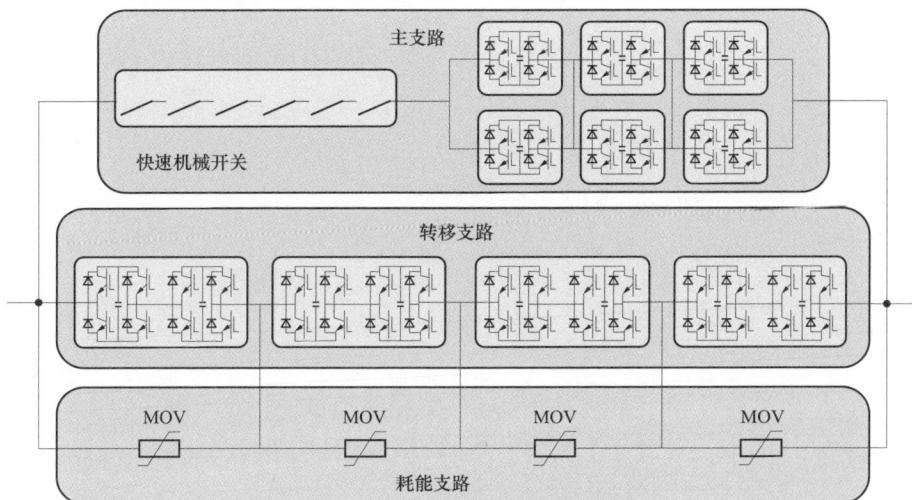

图 5-5 全桥级联混合式直流断路器拓扑

基于 IGBT 全桥模块级联的混合式直流断路器在工作原理上与直接串联的相似，但也存在技术差异。全桥模块级联方案能够显著降低 IGBT 关断过程中电热应力以及关断时所耐受的电压变化率，有利于提高单个器件的分断电流能力，并易于实现各级 IGBT 之间动态均压，提高了应用可靠性。相同电压等级下，全桥模块级联型混合式直流断路器 IGBT 器件数是直接串联拓扑的 2 倍，分断电流能力也提高了 2 倍。

（3）电流转移型直流断路器拓扑。将连接于同一条直流母线的多个混合式高压直流断路器合并简化，可以得到电流转移型高压直流断路器[8]，包括上、下直流母线，一个断流支路，多个上通流支路和多个下通流支路，如图 5-6 所示。电流转移型高压直流断路器具有与传统混合式直流断路器同样的故障隔离能力，且器件使用个数更少，制造成本更低，在直流电网领域具有广泛应用前景。

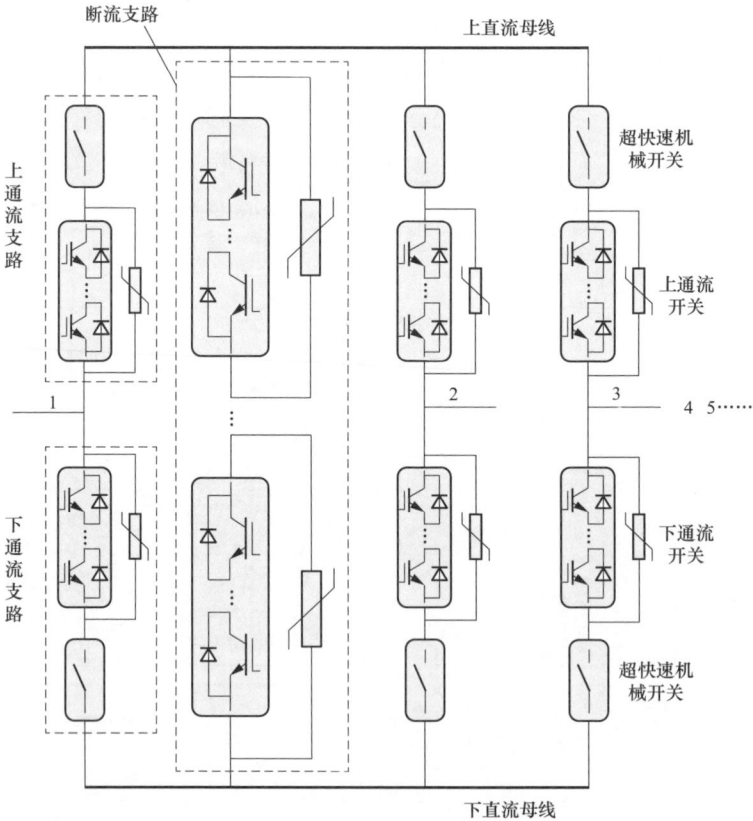

图 5-6　电流转移型直流断路器结构

下面着重介绍全桥级联混合式直流断路器和电流转移型直流断路器。

5.2 全桥级联混合式直流断路器

5.2.1 拓扑结构

全桥级联混合式直流断路器由主支路、转移支路和耗能支路组成，如图 5-5 所示。其中，主支路由超快速机械开关和全桥模块串联构成；转移支路由多个全桥模块串联而成，每个转移支路单元配备独立的避雷器。由于线路电流具有双向流通特性，因此无论是主支路还是转移支路，都考虑了双向断流能力。

图 5-7 给出了一个含有混合式直流断路器的三端网状直流系统，为有效处理直流故障，需要安装 9 个断路器，分别安装于直流线路两侧和换流器出口侧。

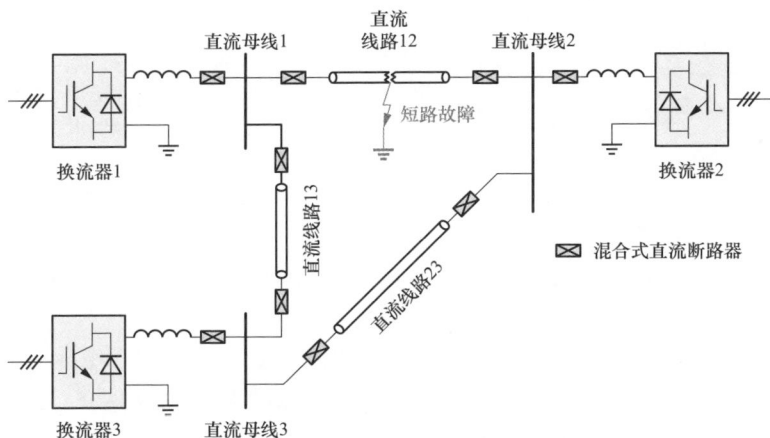

图 5-7 含混合式直流断路器的三端网状直流系统

5.2.2 故障处理时序

当直流线路发生直流故障时，图 5-8 给出了全桥级联混合式直流断路器隔离直流故障的动作时序。正常运行情况下，主支路内的超快速机械开关和全桥模块处于导通状态，转移支路全桥模块处于关断状态，直流电流从主支路流过，如图 5-8（a）所示；直流接地故障后，流过主支路的故障电流快速上升，当故障电流超过预先设定值之后，转移支路全桥模块迅速导通，同时，主支路全桥模块立即关断，故障电流将由主支路转移至转移支路，见图 5-8（b）；当流经主支路的电流下降至 0 时，将超快速机械开关断开，见图 5-8（c）；超快速机械开关断开动作完成后，对转移支路全桥模块施加关断信号，全桥模块电容剩余能量将通过避雷器泄放，见图 5-8（d）。至此，实现了直流故障的快速隔离。

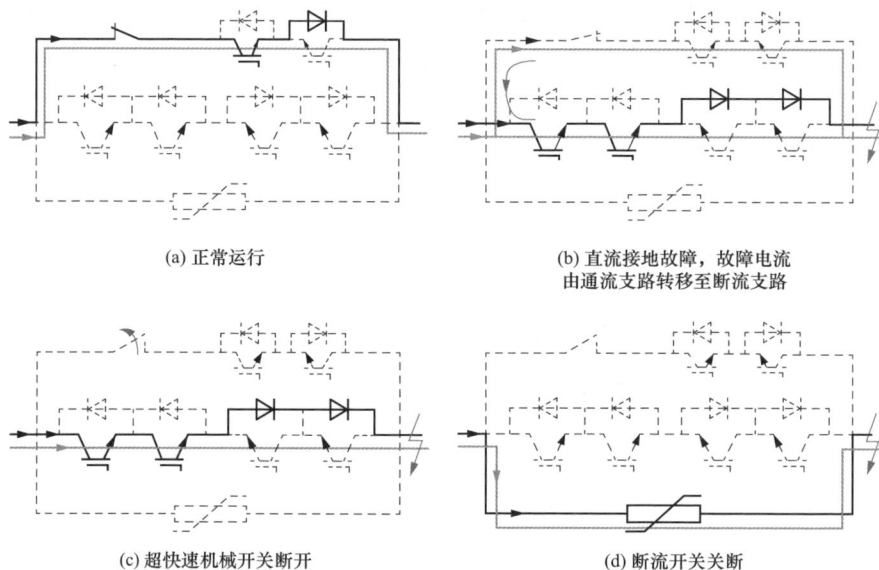

(a) 正常运行

(b) 直流接地故障，故障电流由通流支路转移至断流支路

(c) 超快速机械开关断开

(d) 断流开关关断

图 5-8 全桥级联混合式直流断路器故障隔离动作时序

从上述分析过程可以看出，主支路全桥模块主要承担稳态电流，转移支路全桥模块主要承受分断电压，因此，主支路串联的全桥模块较少，而转移支路串联的全桥模块较多，导致转移支路的造价要远远高于主支路的造价。因此，全桥级联混合式直流断路器的造价主要决定于转移支路的造价，当直流电压较高时，这种关系更加明显。

5.2.3 仿真分析

基于 PSCAD/EMTDC 仿真平台搭建如图 5-9 所示的全桥级联混合式直流断路器仿真模型，主支路全桥模块为 2 并 4 串 H 桥模块结构，将转移支路的 59 级 H 桥模块等效为一个 H 桥模块，同时包含 1 个独立的 H 桥模块。断路器额定工作电流 3150A，最大连续运行电流 4100A。

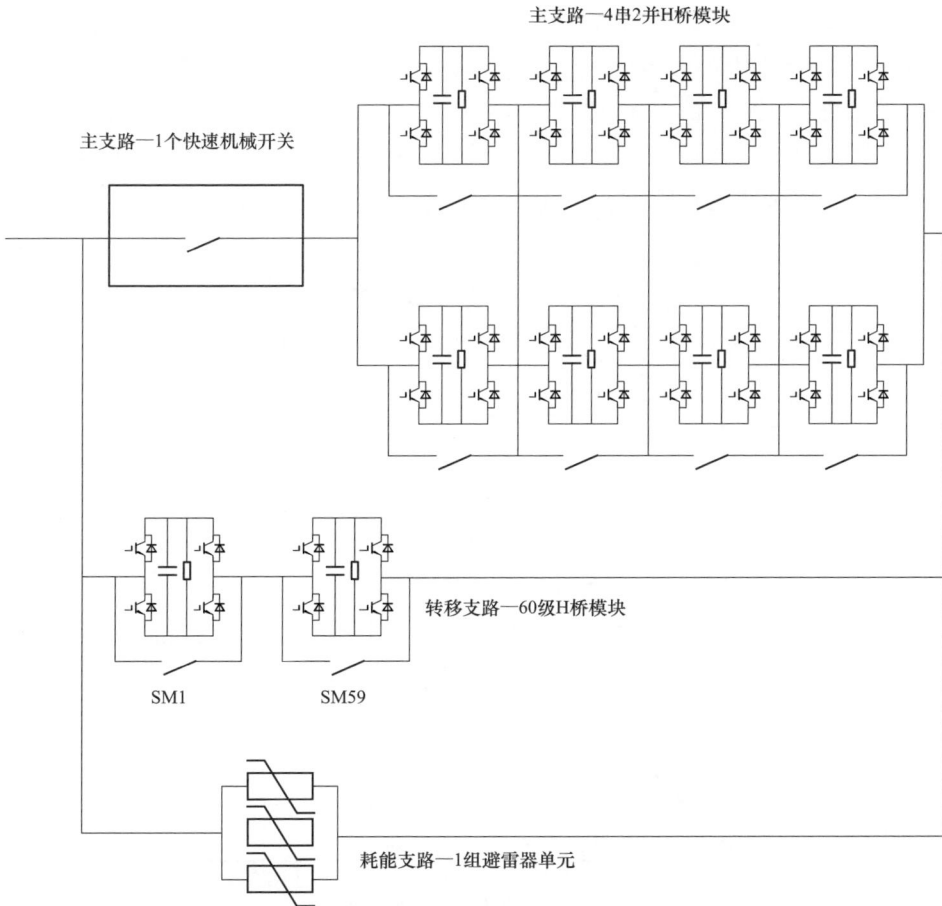

主支路—4串2并H桥模块

主支路—1个快速机械开关

转移支路—60级H桥模块

SM1　　　SM59

耗能支路—1组避雷器单元

图 5-9　全桥级联混合式直流断路器仿真模型

　　混合式直流断路器分断直流故障电流仿真波形如图 5-10 所示。其中，图 5-10（b）为分断过程中直流线路电流波形；图 5-10（c）～图 5-10（e）为各支路电流波形；图 5-10（f）为避雷器两端电压波形。由图 5-10 可知，在直流系统正常运行过程中，系统正常负荷电流流过主支路，转移支路电流为零。模拟发生直流系统短路故障后，故障电流迅速上升。在 0.8ms 时，流过直流断路器的电流达到预转移阈值，主支路模块闭锁，故障电流开始从主支路向转移支路换流。当故障电流全部换流至转移支路后，主支路电流为零，直流断路器两端电压为转移支路通态压降，其幅值可忽略不计。因此，快速机械开关在近似零电压零电流条件下分断。为模拟实际快速机械开关的分断过程所需要的时间，在动态模拟系统中，快速机械开关开始分断后等待 2ms，根据预转移电流控制策略，再次进行电流幅值和变化率判断。此时直流线路的故障电流达到 20kA，达到转移支路闭锁条件，因此闭锁转移支路全桥模块。此时，随着转移支路全桥模块电容由故障电流充电，图 5-10（f）中直流断路器两端电压开始迅速上升，直到达到避雷器动作电压。图 5-10（e）中故障电流由转移支路向耗能支路转移，故障电流被耗能支路吸收，分断过程结束。

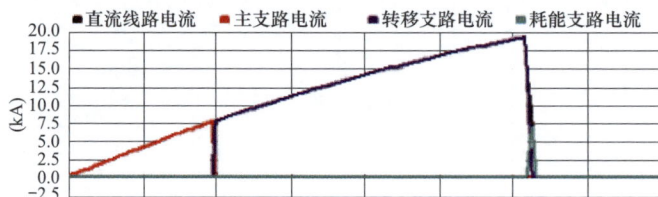

(a) 直流断路器电流波形

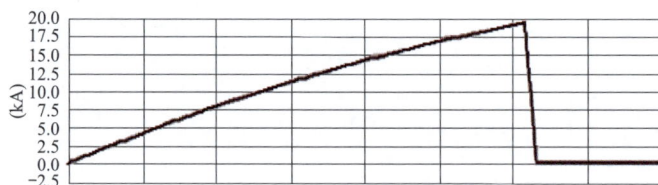

(b) 直流线路电流

(c) 主支路电流

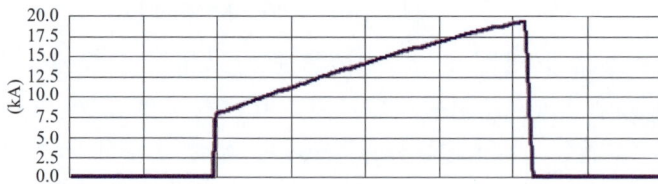

(d) 转移支路电流

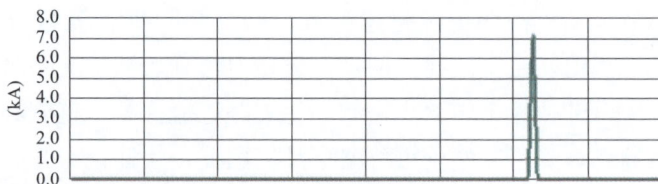

(e) 耗能支路电流

图 5-10　混合式直流断路器分断直流故障电流仿真波形（一）

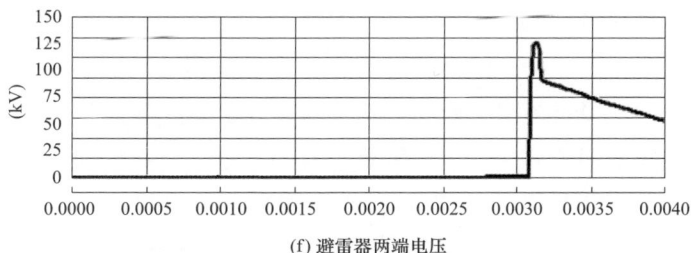

(f) 避雷器两端电压

图 5-10　混合式直流断路器分断直流故障电流仿真波形（二）

5.3　电流转移型直流断路器

5.3.1　拓扑结构

图 5-6 给出了电流转移型高压直流断路器的拓扑结构，包括一条上直流母线，一条下直流母线，一个断流支路，多个上通流支路和多个下通流支路，每个通流支路内包含一个超快速机械开关和一个通流开关[8]。一对上、下通流支路之间的端口与外部换流器和外部直流线路连接，上、下通流支路的对数由外接的换流器和直流线路个数决定。与图 5-5 所示的全桥级联混合式直流断路器内的通流开关和断流开关不同的是，电流转移型内的 IGBT 都仅需要单方向串联即可，无需正反向连接，有助于减少投资成本。

5.3.2　故障处理时序

对于一个直流系统而言，单条直流线路故障、典型的故障有换流站侧故障和不同直流线路同时故障。下面针对每一种故障情况进行说明。

1. 单条直流线路故障

以图 5-7 所示的直流线路 12 发生接地短路故障为例，图 5-11 给出了介于直流线路 12 和换流器 1 之间的电流转移型直流断路器 CTB1 隔离直流故障的动作时序（介于直流线路 12 和换流器 2 之间的 CTB2 采用同理动作时序，不再赘述）。

（1）正常运行情况下，所有上通流支路内的超快速机械开关处于闭合状态，通流开关处于开通状态；下通流支路内的超快速机械开关处于闭合状态，通流开关处于关断状态；断流开关处于关断状态，直流电流从上通流支路流过，如图 5-11（a）所示。

（2）直流线路发生接地故障后，流过上通流支路的故障电流快速增大。当故障电流超过预先设定值时，断流开关内的 IGBT 迅速触发开通，同时，开通故障线路所在的下通流开关（假设故障已准确定位），待断流开关和下通流开关真实开通后，关断与之相对应的上通流开关，如图 5-11（b）所示。此时，故障电流将从故障线路所在的上通流支路转移至断流支路和相应的下通流支路。

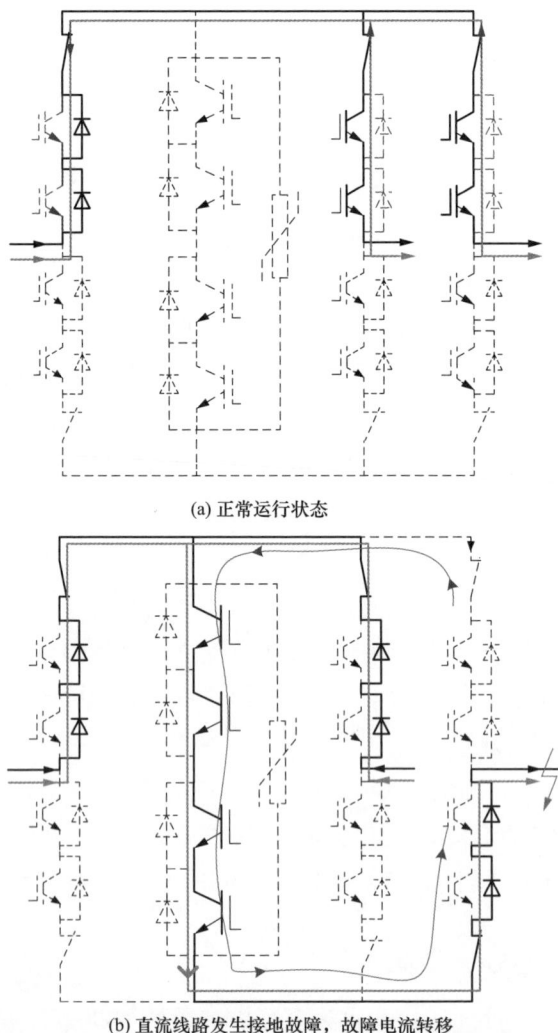

(a) 正常运行状态

(b) 直流线路发生接地故障，故障电流转移

图 5-11　电流转移型直流断路器故障隔离动作时序（一）

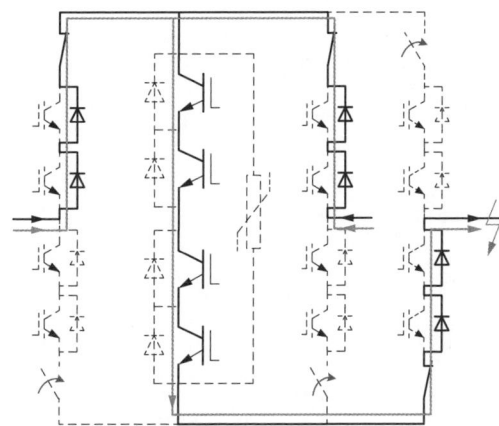

(c) 断开超快速机械开关

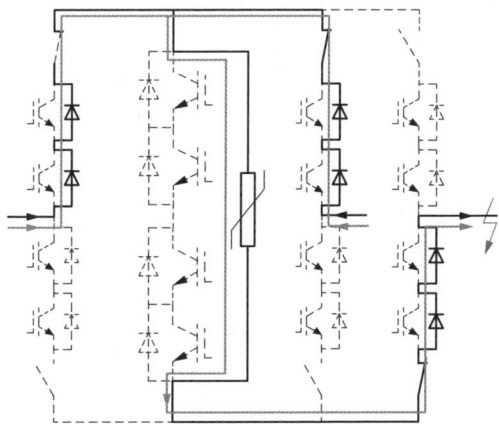

(d) 故障隔离完成

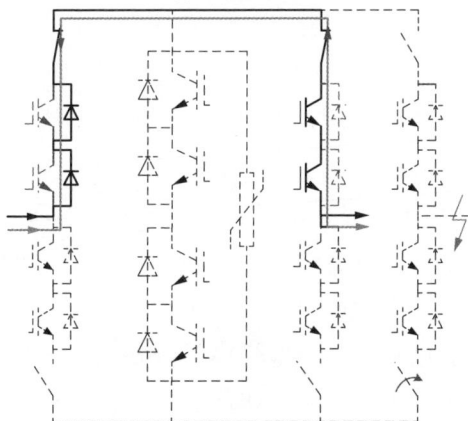

(e) 故障线路物理隔离

图 5-11 电流转移型直流断路器故障隔离动作时序（二）

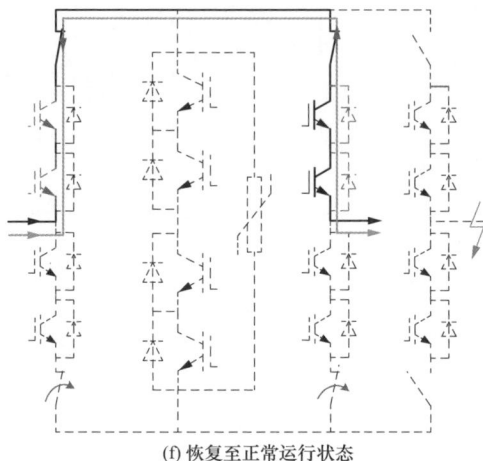

(f) 恢复至正常运行状态

图 5-11 电流转移型直流断路器故障隔离动作时序（三）

（3）待流过上通流支路的电流减小至零值附近时，断开该上通流支路内的超快速机械开关，并同时跳开下通流支路内所有通流开关未导通的超快速机械开关，如图 5-11（c）所示。

（4）待上述超快速机械开关断开动作完成后，对断流开关施加关断信号，网络剩余部分的能量将通过避雷器泄放，如图 5-11（d）所示。至此，故障隔离实际已完成。

（5）待流过故障线路的电流减小至零值附近后，向与其相连的下通流支路内的通流开关和超快速机械开关施加关断信号，如图 5-11（e）所示，即可实现故障线路物理隔离。

（6）再将已正常运行的通流支路的超快速机械开关闭合，如图 5-11（f）所示，电流转移型直流断路器的运行方式恢复至与图 5-11（a）相似的正常运行状态，为下一次的故障隔离做好准备。

可见，电流转移型直流断路器能够较好地处理单条直流线路故障，且具有重复隔离直流故障的能力。从上述分析可见，图 5-11 所示的动作流程及规范与图 5-8 所示过程大体相似，可见两者在考虑开关动作延时等方面的因素后，仍具有较为相近的动作时间。因此几乎可以认为，电流转移型直流断路器在处理单条直流线路故障方面的动作延时与全桥级联混合式直流断路器相同。

2. 换流站侧故障

换流站侧故障包括换流站出口侧故障、换流阀内部故障等。一旦换流站侧发生接地故障，对直流电网的影响不亚于直流线路接地故障，因此，将故障的换流站快速隔离，能够有效保障直流系统健全部分快速恢复运行。电流转移型直流断路器无论是连接直流线路还是连接换流站，均采用上、下通流支路中点外接方式，因此在故障处理时序方面与单条直流线路故障相同，并且只有与故障换流站相连的直流断路器需要动作。在忽略开关动作延时的情况下，故障处理逻辑简述如下：

（1）换流站故障发生后，开通断流开关内的 IGBT 和故障换流站所在的下通流开关，然后关断与之相对应的上通流开关。

（2）断开与换流站相连的上通流支路内的超快速机械开关，同时跳开下通流支路内所有通流开关未导通的超快速机械开关。

（3）对断流开关施加关断信号。

（4）向与故障换流站相连的下通流支路内的通流开关和超快速机械开关施加关断信号。

（5）将已正常运行的通流支路的超快速机械开关闭合。

3. 不同直流线路同时故障

不同直流线路同时故障可以分为相邻直流线路故障和不相邻直流线路故障两类。对于电流转移型直流断路器而言，不相邻直流线路发生故障时，故障处理逻辑与单条直流线路故障相同；相邻直流线路发生故障时，介于相邻故障线路之间的电流转移型直流断路器需要同时动作多条故障线路相连的上、下通流支路，而不介于相邻故障线路之间的电流转移型直流断路器的动作逻辑仍与单条直流线路故障相同。

在忽略开关动作延时的情况下，介于相邻故障线路之间的电流转移型直流断路器的故障处理逻辑简述如下：

（1）换流站故障发生后，开通断流开关内的 IGBT 和多条故障线路所在的下通流开关，然后关断与多条故障线路相对应的上通流开关。

（2）断开与多条故障线路相连的上通流支路内的超快速机械开关，同时跳开下通流支路内所有通流开关未导通的超快速机械开关。

（3）对断流开关施加关断信号。

（4）向与多条故障线路相连的下通流支路内的通流开关和超快速机械开关

施加关断信号。

（5）将已正常运行的通流支路的超快速机械开关闭合。

5.3.3 仿真分析

1. 仿真系统

为有效验证电流转移型直流断路器对直流故障隔离的可行性，在 PSCAD/EMTDC 仿真软件内搭建了如图 5-7 所示的三端柔性直流测试系统。每个站的额定容量均为 400MVA，换流站 1 和 3 采用定有功功率和定无功功率控制，稳态运行情况下分别向直流网络输送 250MW 和 150MW 的功率；换流站 2 采用定直流电压和定无功功率控制，控制直流电网电压稳定在 400kV。直流线路 12、直流线路 13 和直流线路 23 的长度分别为 70、80、100km，平波电抗器设置为 100mH。每个桥臂包含 50 个半桥子模块，子模块电容为 $4000\mu F$，子模块额定电压为 8kV，桥臂电感为 29.3mH。设定电流转移型直流短路器的避雷器保护水平为 500kV。

2. 单条直流线路故障

$t=1.0s$ 时刻，直流线路 13 距离换流站 1 的 10km 处发生接地故障，如图 5-7 所示，接地电阻为 1Ω。图 5-12 给出了电压电流正方向示意图，其中，

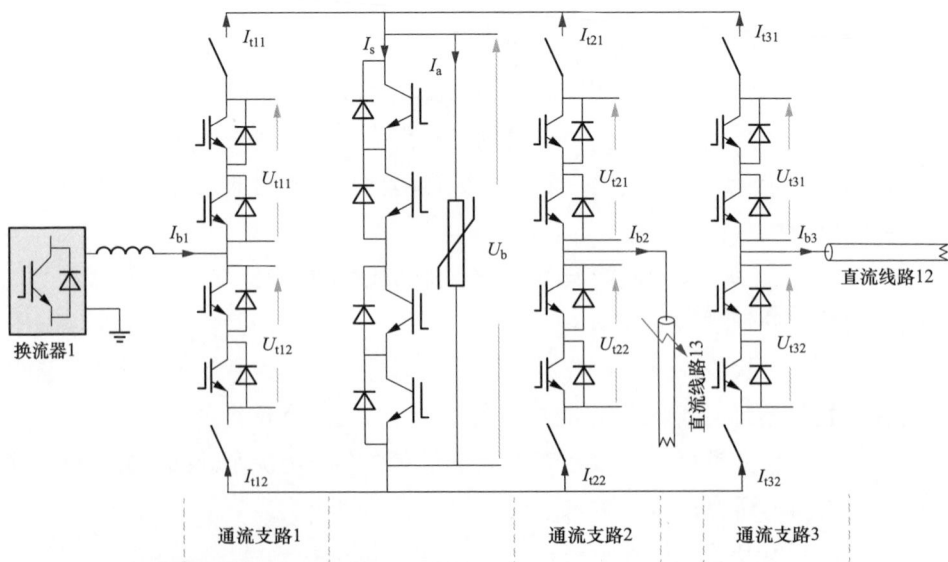

图 5-12 单条线路故障时直流断路器 CTB1 的电压电流正方向标示示意图

U_{t11}、U_{t12}、U_{t21}、U_{t22}、U_{t31}、U_{t32} 为上、下通流开关两端承受电压；I_{t11}、I_{t12}、I_{t21}、I_{t22}、I_{t31}、I_{t32} 为上、下通流支路流过的电流；I_{b1}、I_{b2}、I_{b3} 为与断路器相连的各支路电流；I_s 为流过断流开关的电流；I_a 为流过断流支路避雷器的电流；U_b 为断流支路所承受的电压。

图 5-13 给出了直流断路器 CTB1 的电压电流响应曲线。其中，图 5-13 (a) 给出了上、下通流支路的电流，图 5-13 (b) 给出了与断路器端口相连的支路电流，图 5-13 (c) 给出了通流开关的承压，图 5-13 (d) 给出了断流开关两端承受的电压，图 5-13 (e) 给出了流过断流开关和避雷器的电流。正常运行情况下，通流支路 1～3 的 3 个上通流开关开通，6 个超快速机械开关闭合，3 个下通流开关关断，断流开关关断。

从图 5-13 可以看出，当 $t=1.0\mathrm{s}$ 故障发生后，直流电流迅速增大。假设从故障发生到故障完成定位的时间为 1ms，那么，在 $t=1.001\mathrm{s}$ 时刻，向通流支路 2 的下通流开关和断流开关施加开通信号，延时 $100\mu\mathrm{s}$ 后，即 $t=1.0011\mathrm{s}$ 向通流支路 2 的上通流开关施加关断信号。在上述指令发出后，I_{t22} 和 I_s 迅速增大，相应地，I_{t21} 迅速跌落至 0，实现了故障电流在通流支路 2 上的顺利转移。待 I_{t22} 变化至 0 后，对上通流支路 2、下通流支路 1 和下通流支路 3 内的 3 个超快速机械开关施加开断信号，2ms 后，3 个机械开关完成开断动作。再经过 $200\mu\mathrm{s}$ 左右即 $t=1.0033\mathrm{s}$，向断流开关施加关断信号。断流开关关断后，I_s 迅速降低至 0，I_a 迅速增大，实现了电流转移。与此同时，断流开关（避雷器）两端的电压迅速增大引发避雷器动作，吸收剩余能量，所有支路电流出现下降拐点。流过避雷器的电流能够在较短时间内减小至 0，系统电压在经过一定幅度的波动后，趋向于 400kV。而后，断开下通流支路 2 内的超快速机械开关和下通流开关，则完成了故障线路的物理隔离。从图 5-13 (c) 可以看出，在整个断路器隔离故障过程中，6 个通流开关所承受的电压较小，与全桥级联混合式断路器内的通流开关相似，但其所需使用的 IGBT 个数少，造价低。

为更加清楚地观察到直流断路器动作前后系统潮流及电压的变化情况，将仿真时间轴延长，同时对过流波形作截顶显示处理。图 5-14 给出了直流电流和直流电压的响应曲线，其中，I_{d1}～I_{d3} 为换流站 1～3 直流出口电流，I_{d32}、I_{d12} 和 I_{d31} 为直流线路 23、直流线路 12 和直流线路 13 上流过的电流，U_d 为换流站 2 直流出口侧电压。

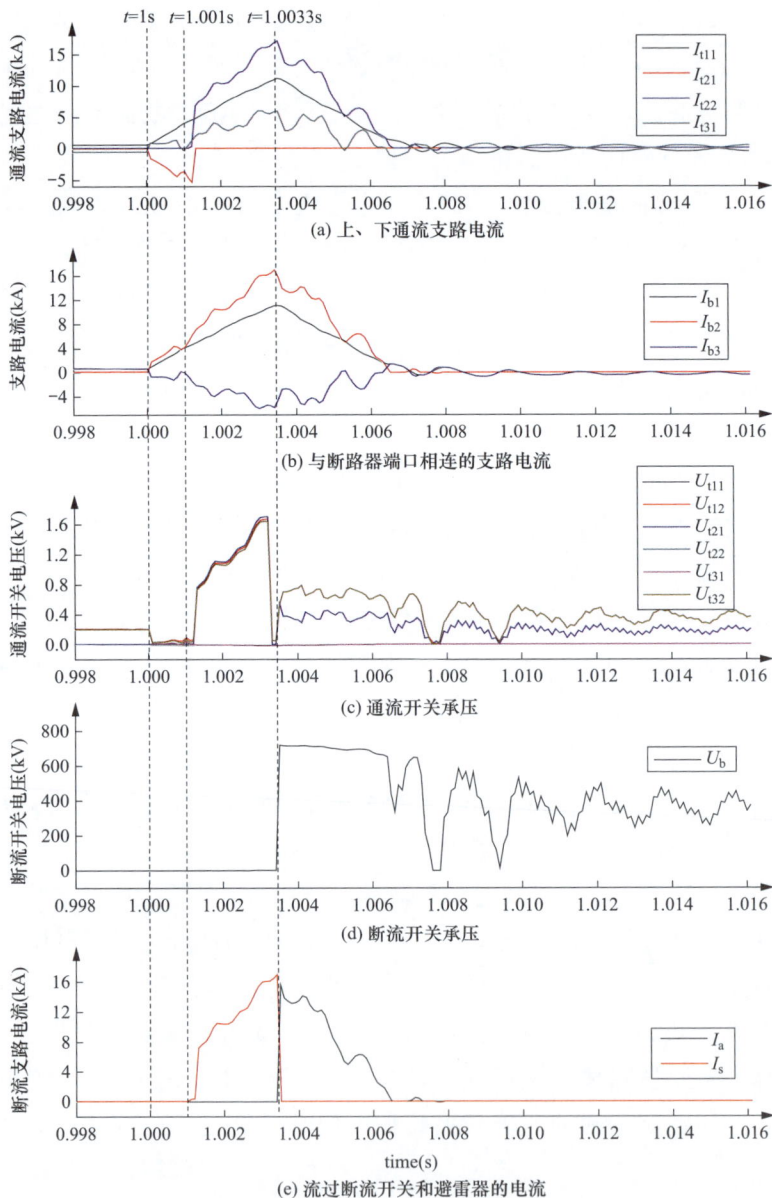

(a) 上、下通流支路电流

(b) 与断路器端口相连的支路电流

(c) 通流开关承压

(d) 断流开关承压

(e) 流过断流开关和避雷器的电流

图 5-13 单条直流线路故障时直流断路器 CTB1 的电压电流响应曲线

从图 5-14 中可以看出，直流电压和直流电流在经历过几十毫秒的剧烈振荡后，能够快速恢复至稳定运行状态。故障隔离前后，换流站馈入和馈出的电流维持不变，由于直流线路 13 已处于隔离状态，换流站 1 和换流站 3 将分别仅通过直流线路 12 和直流线路 23 向换流站 2 输送功率，因此，直流网络潮流将发生改变。

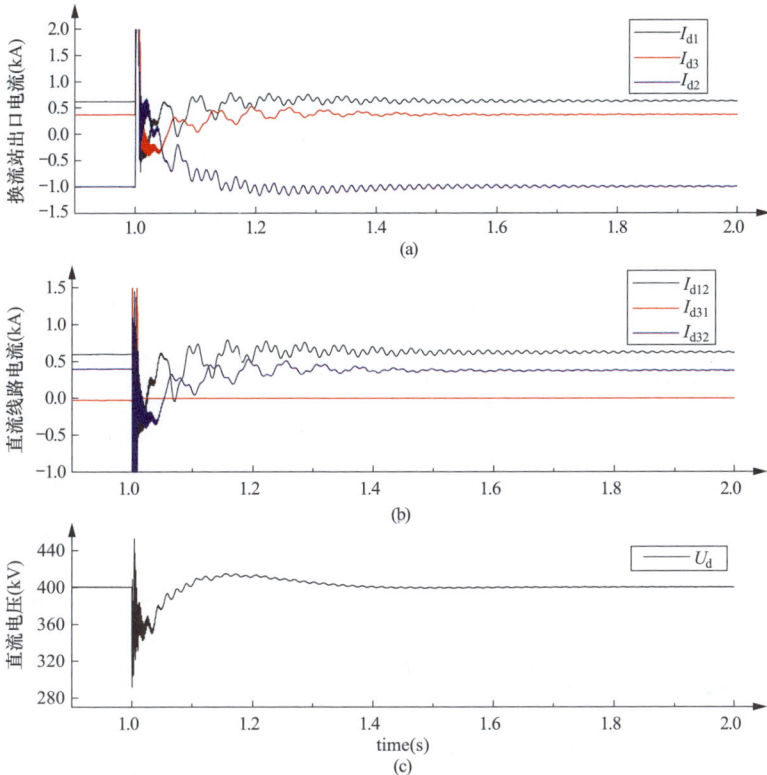

图 5-14　单条直流线路故障时系统电压电流响应曲线

3. 相邻两条直流线路同时故障

仍以图 5-8 所示系统为例，$t=1.0\mathrm{s}$ 时刻，直流线路 13 距离换流站 1 的 10km 处以及直流线路 12 距离换流站 1 的 10km 处同时发生接地故障，接地电阻均为 1Ω。图 5-15 给出了直流线路 12 和直流线路 13 共用的直流断路器 CTB1 的电压电流响应波形，各图表达的含义与图 5-13 相同。从图 5-15 可以看出，通流支路 2 和 3 的上通流开关关断后，故障电流流经通流支路 1 的上通流部分、断流开关、通流支路 2 的下通流部分以及通流支路 3 的下通流部分。断流开关关断电流为 12.6kA，小于单条直流线路故障下的最大电流 16.9kA。

t=1s t=1.001s t=1.0033s

(a) 通流支路电流

(b) 与断路器端口相连的支路电流

(c) 通流开关承压

(d) 断流开关承压

time(s)

(e) 流过断流开关和避雷器的电流

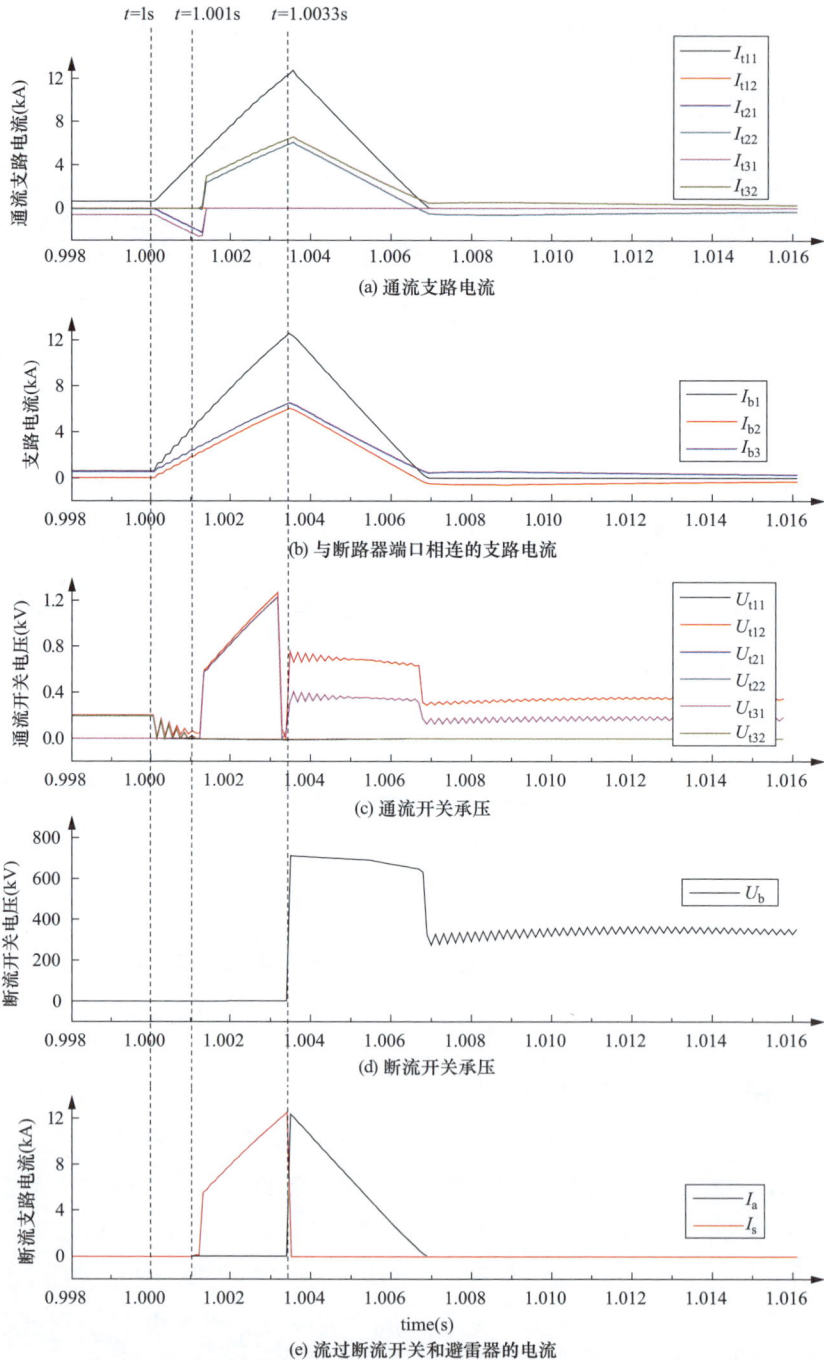

图 5-15　相邻两条直流线路同时故障时直流断路器 CTB1 的电压电流响应曲线

图 5-16 给出了换流器出口电流、直流线路电流和直流电压的响应曲线。由于直流线路 12 和直流线路 13 被隔离，因此，换流站 1 以 STATCOM 运行，不再输送有功功率，换流站 3 通过直流线路 23 与换流站 2 交换功率。

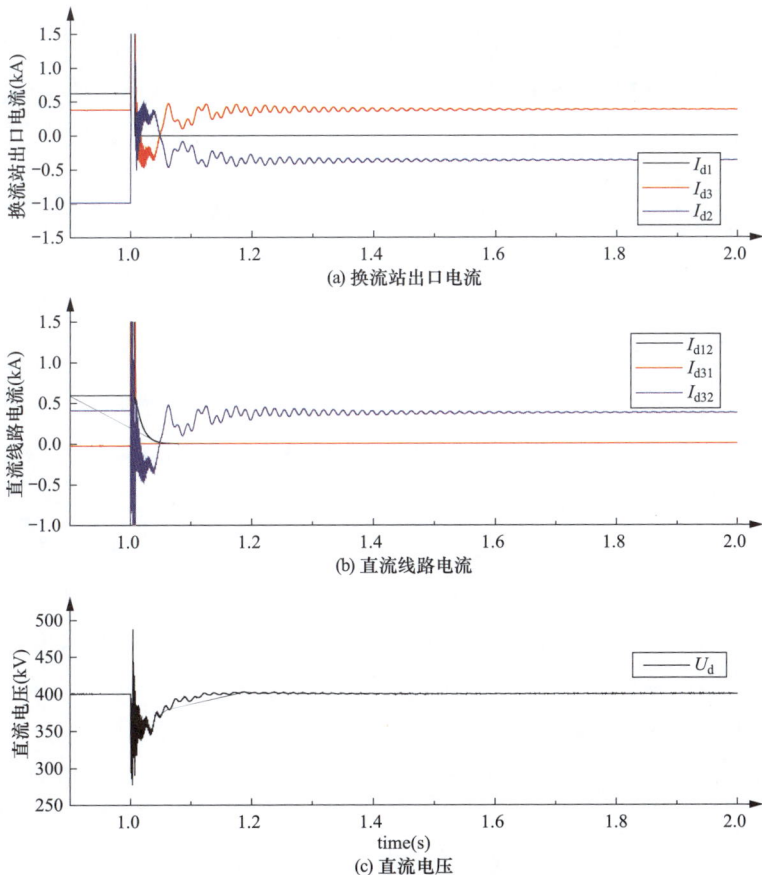

图 5-16　相邻两条直流线路同时故障时系统电压电流响应曲线

5.4　电流转移型与全桥级联混合式直流断路器的比较

5.4.1　断流能力比较

从上一节的分析过程可以看出，对于单条直流线路故障和换流站侧故障而言，电流转移型直流断路器的故障电流切断路径与混合式直流断路器非常相似，因此，采用具有相同断流能力的断流开关可使得电流转移型直流断路器具有与混合式直流断路器相同的电流切断能力。

对于多条直流线路故障而言，在使用全桥级联混合式直流断路器的情况下，由于每条直流线路两端都装有直流断路器，各故障线路分隔治理，因此多条直流线路故障和单条直流线路故障处理策略无差异。而在使用电流转移型直流断路器且故障线路相邻时，从上一节的故障隔离时序和图 5-15（c）可以推断出，断流开关将承受相邻故障线路所有的短路电流之和，与全桥级联混合式直流断路器存在明显区别。

对于电流转移型直流断路器，单个故障点离断路器越近，则在断路器动作时间内，流过断路器的电流越大，要求断流能力越强，由此可确定断路器的最大断流电流。但是，当相邻线路出现多个故障点时，流过断路器的电流大小不易确定，可能大于最大断流电流，也可能等于甚至小于最大断流电流。以图 5-17 所示的相邻两条直流线路发生故障为例，当线路发生 F1 故障（F1 发生在线路端口附近，距离电流转移型直流断路器较近）时，所有换流站的电流将通过断流开关流入故障点 F1；当 F1 和 F2（F2 同样发生在线路端口附近，距离电流转移型直流断路器较近）同时发生时，由于 F1 和 F2 相距较近，因此对于换流站而言，故障电流的爬升速度几乎与 F1 故障情况无差异，但是由于 F2 存在的原因，原本通过 F2 所在线路向 F1 馈入的电流将直接馈入 F2，而不再经过该断路器的断流开关，因此，在这种情况下流过断流开关的电流反而小于只有 F1 故障的情况。

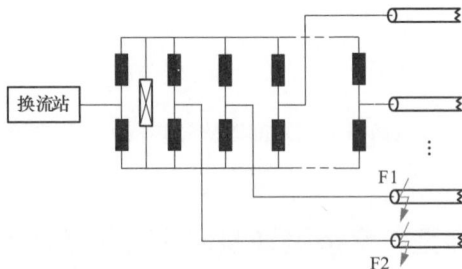

图 5-17　直流线路故障示意图

当故障点个数、位置发生变化时，流过断流开关的故障电流将随之发生变化；同时，故障电流的大小还与直流电网的拓扑结构相关，需要区别分析。

5.4.2 经济性比较

对比图 5-5 和图 5-6 可以发现，电流转移型直流断路器其实是将直流母线以及与其相连的全桥级联混合式直流断路器进行了整合，以一个整体的概念对断路器进行了再设计，尤其是将投资占比较重的多个断流开关整合成一个，极大地减少了设备成本。图 5-5 和图 5-6 内直流断路器所用设备个数对比情况如表 5-1 所示。其中，m 表示全桥级联混合式直流断路器内单个断流开关所需的 IGBT 个数，n 为全桥级联混合式直流断路器内单个通流开关所需的 IGBT 个数。

由于电流转移型直流断路器内的断流开关和通流开关不需要考虑电流双向设计，因此，使用的 IGBT 个数都削减至一半。从表 5-1 中可以看出，电流转移型直流断路器相较于全桥级联混合式直流断路器，所使用的超快速机械开关要增加一倍，但是断流开关的成本仅为全桥级联混合式直流断路器的 1/6。因此，电流转移型直流断路器的投资成本将明显小于全桥级联混合式直流断路器。

表 5-1　　　　电流转移型和全桥级联混合式直流断路器投资对比

项目	对比项	全桥级联混合式	电流转移型
断流支路	断流开关个数	9	3
	单个断流开关内 IGBT 个数	m	m/2
通流支路	超快速机械开关个数	9	18
	通流开关个数	9	18
	单个通流开关内 IGBT 个数	n	n/2

对于一个较大规模的直流电网而言，为保证系统的灵活度和冗余度，直流线路条数将明显多于换流器个数，电流转移型直流断路器相较于全桥级联混合式直流断路器的优势将更加明显。

5.4.3 可靠性比较

对于换流站故障、单条直流线路故障、多条直流线路同时故障情况而言，电流转移型直流断路器与全桥级联混合式直流断路器均能实现故障的有效隔离，保障剩余健全系统的稳定运行。但是，当相邻直流线路短时间内先后发生直流故障，特别是当一条直流线路故障后共用的电流转移型直流断路器已进入断开过程，此时另一条直流线路发生故障将不能被该共用的直流断路器隔离，只能通过断开远端的直流断路器实现故障隔离，扩大了故障影响范围。

另外，当电流转移型直流断路器内的某个元件故障时，将影响多条直流线路和换流站的运行，而全桥级联混合式直流断路器内元件的故障只会影响一条直流线路或一个换流站的正常运行，影响范围较小，可靠性高。因此，相比于全桥级联混合式直流断路器，电流转移型直流断路器的可靠性较低。

参考文献

[1] 司志磊，陆翌，韩坤，等. 基于桥臂阻尼阀组的模块化多电平换流器故障快速清除与系统恢复技术 [J]. 电力自动化设备，2018，38（4）：60-68.

[2] 谢晔源，曹冬明，李继红，等. 一种实现柔直系统快速恢复的自取能故障阻尼器 [J]. 电力自动化设备，2017，37（7）：142-148.

[3] 陈名，黎小林等. 机械式高压直流断路器工程应用研究 [J]. 全球能源互联网，2018（04）：423-429.

[4] 封磊，苟锐锋等. 基于 IGBT 串联技术的 10kV 固态直流断路器研制 [J]. 南方电网技术，2016（04）：43-49.

[5] 周万迪，魏晓光，高冲. et al. 基于晶闸管的混合型无弧高压直流断路器 [J]. 中国电机工程学报，2014，34（18）：2990-2996.

[6] 丁骁，汤广福，韩民晓，高冲，王高勇. IGBT 串联阀混合式高压直流断路器分断应力分析 [J]. 中国电机工程学报，2018，38（06）：1846-1856＋1922.

[7] 魏晓光，杨兵建，贺之渊，高阳，陈龙龙，客金坤. 级联全桥型直流断路器控制策略及其动态模拟试验 [J]. 电力系统自动化，2016，40（01）：129-135.

[8] 许烽，陆翌，裘鹏. et al. 基于二极管钳位的电流转移型高压直流断路器 [J]. 电力系统自动化，2019，43（04）：205-214.

6 舟山五端柔性直流阻尼快速恢复系统和直流断路器的配置

舟山五端柔性直流输电工程是世界上端数最多的柔性直流输电工程，该工程的实施对我国柔性直流输电发展具有里程碑式意义。对于现有的多端柔性直流输电工程，换流站在线灵活投退和直流故障快速可靠恢复是不可回避的两大技术难题。参照第 3～5 章提出的方法，若采用直流故障自清除能力的换流阀拓扑方案需要替换所有子模块，成本过高。而采用直流断路器能够在线灵活投退换流站、快速分断直流故障电流并隔离故障点，但全部加装直流断路器成本较高、需要一定占地面积、不具备经济性。采用加装阻尼快速恢复系统同样可以实现这些功能且成本低，但是隔离故障时间长于直流断路器。因此，本章基于舟山五端柔性直流工程分析并提出了直流断路器和阻尼快速恢复系统的配置方案，在实现舟山柔性直流输电系统直流故障电流的有效抑制和快速隔离以及各个换流站带电灵活投退的基础上保证了效益最大化。

6.1 舟山五端柔性直流输电工程简介

舟山群岛地处我国东南沿海，共由 1390 余个岛屿组成，深水岸线资源丰富。浙江舟山群岛新区于 2011 年由国务院正式批准设立，是国务院决定设立的第四个国家级新区。舟山电网受海岛地理条件限制，各岛屿呈链式分布，与舟山本岛电网联系较弱且岛内无较大电源支撑，运行灵活性和供电可靠性与舟山群岛新区需求严重不符。舟山群岛新区成立后，舟山诸岛丰富的风力资源列入开发规划，风电的间歇性和波动性对电网提出了新的要求[1]。

在此背景下，舟山±200kV 五端柔性直流输电示范工程于 2014 年 7 月正式投运。如图 6-1 所示，工程主要包括五个换流站工程、四段直流海缆工程和配套试验能力建设项目，其中五个换流站分别是位于五个岛屿的±200kV 定海、岱山、衢山、洋山、泗礁换流站，容量分别为 400、300、100、100、100MW；四段直流电缆是连接五站的四段共 8 根直流电缆，总长 283km。该工程的投运有效地改善了岑港风电场、衢山风电场等风电的故障穿越能力，增强了舟山电网对风电的消纳能力，提高了各岛屿的供电可靠性，实现了舟山北部各岛屿间的电能灵活互供。

舟山五端柔性直流输电工程的主要架构是基于半桥 MMC 结构的柔性直流换流阀和直流隔离开关，这种换流阀拓扑和网络架构具有高容性低阻尼的系统特性，在设备检修和故障处理过程中，存在如下问题[2～3]：

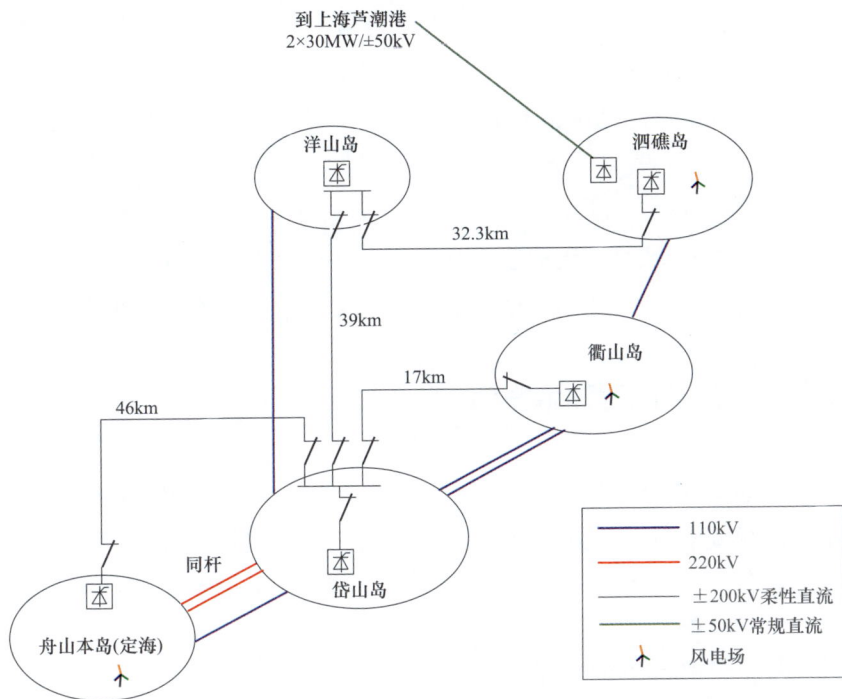

图 6-1　舟山五端柔性直流输电工程接线示意图

（1）直流侧故障无法快速隔离。采用电缆形式的直流输电系统，一般可以不考虑双极短路故障。由于隔离开关无法开断故障电流，目前对于电缆线路直流单极接地故障的清除主要是跳开交流断路器，待直流电流为零后，再利用直流开关隔离故障。一旦发生直流侧故障，则五端直流全部停运。但交流断路器的分断时间长达数十毫秒，在此期间，会对电缆等设备造成很大的过电压冲击[4~5]。

（2）直流系统无法快速重启动。舟山五端柔性直流输电工程直流侧采用了隔离开关，故障重启动过程需经历闭锁、跳交流断路器、放电、故障隔离、拉开启动电阻旁路开关和重新充电启动等几个步骤，需时大约 4h。此过程涉及设备多，人为操作时间长，无法实现系统的不间断供电和快速重启动。

（3）运行灵活性仍需提高。之前舟山工程单个换流站投入运行中的柔性直流系统，需要人为将运行中的换流站全部停运，等待放电完毕后通过倒闸操作将换流站投入运行中的柔性直流系统，最终人工重新启动五端换流站[6~7]。

（4）桥臂短路故障时交流电流存在较大直流偏置。MMC 桥臂直通短路故障发生时，交流系统会产生较大的直流电流偏置，导致流过交流断路器的故障电流过零点延迟，造成交流断路器无法快速开断故障电流，使得故障范围扩大，换流阀承受故障应力时间延长[8~11]。

针对上述问题，若采用具有直流故障自清除能力的换流阀拓扑方案，则需要替换五站 8400 个模块，成本高，且不适用于未来直流电网内部故障的处理。结合工程实际，舟山五端柔性直流输电工程采用加装阻尼快速恢复系统和直流断路器的方案解决上述难题。下面详细介绍阻尼快速恢复系统和直流断路器的配置方案。

6.2　直流断路器技术方案

舟山五端柔性直流工程中的直流侧隔离开关可以优化配置为阻尼快速恢复系统中的谐振型直流开关或者直流断路器，需要结合现场实际情况以及仿真结果给出适合的配置方案。

6.2.1　直流断路器配置方案

舟山五端柔性直流输电工程直流断路器最大化的配置方案如图 6-2 所示，即所有的换流站出口及海缆两端均配置直流断路器。

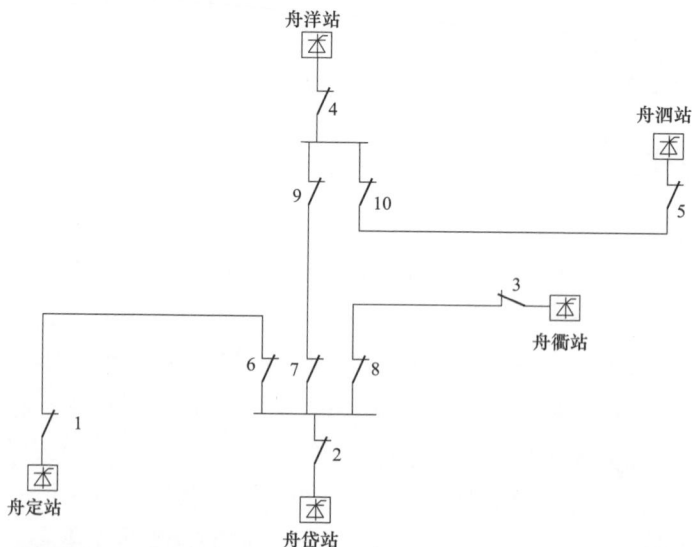

图 6-2　舟山五端柔性直流输电工程直流断路器最大化配置方案

　　基于舟山五端柔性直流输电工程实时数字仿真系统的仿真结果可以发现，不同的系统运行方式、故障类型和故障地点都会对系统短路电流产生影响，当换流站处于定有功功率和定无功功率控制，且有功功率和无功功率均为 0 时，在直流断路器安装点发生双极接地短路时，系统在 3ms 内流过该直流断路器的短路电流最大。图 6-2 中 1～10 号直流断路器所需要分断的最大故障电流的仿真波形如图 6-3 所示。

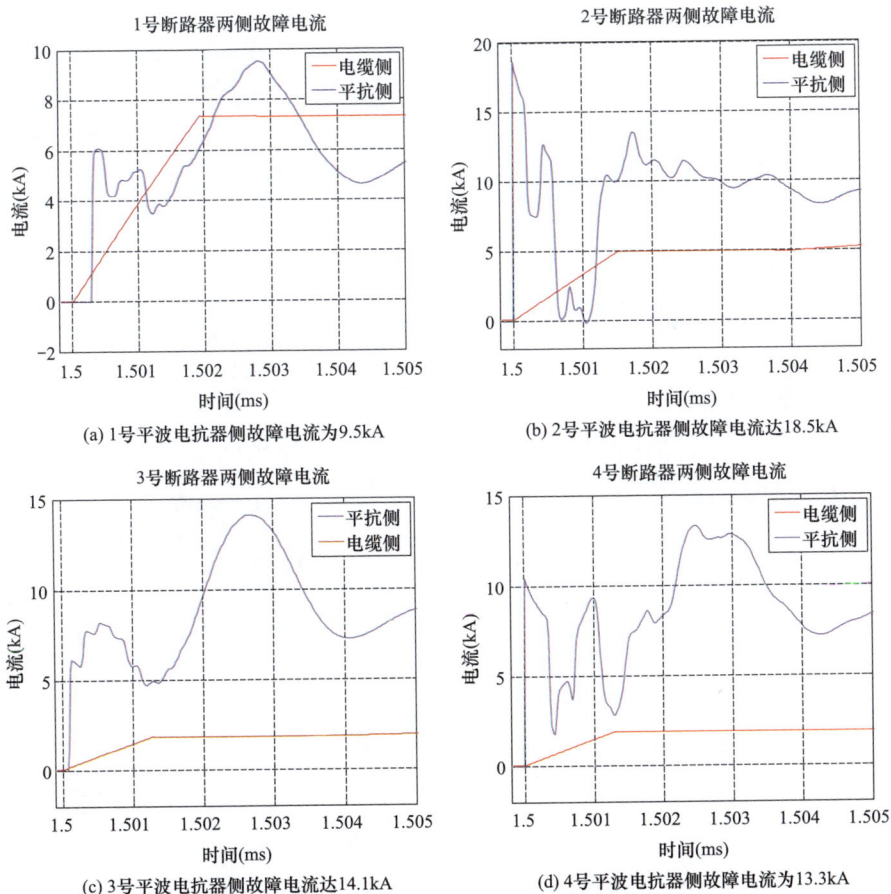

(a) 1号平波电抗器侧故障电流为9.5kA　　　(b) 2号平波电抗器侧故障电流达18.5kA

(c) 3号平波电抗器侧故障电流达14.1kA　　　(d) 4号平波电抗器侧故障电流为13.3kA

图 6-3　全部直流断路器最大故障
电流仿真波形（一）

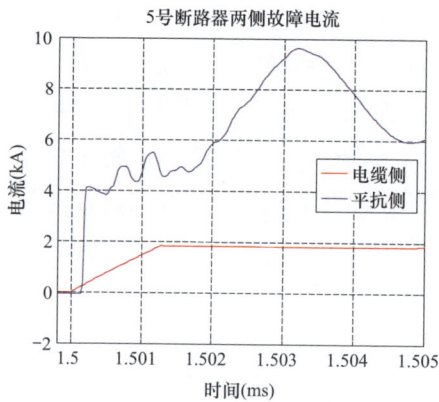

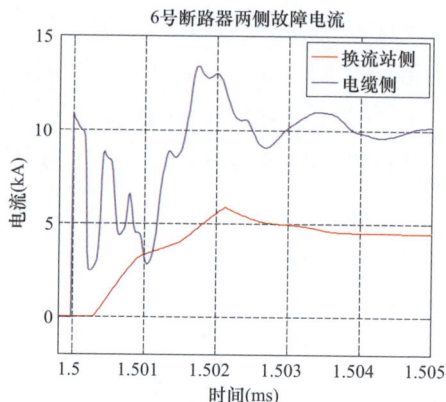

(e) 5号平波电抗器侧故障电流达9.6kA

(f) 6号电缆侧故障电流为13.4kA

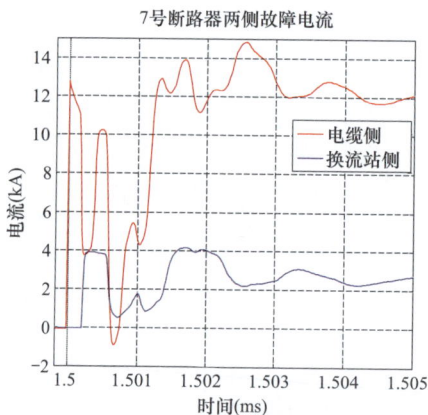

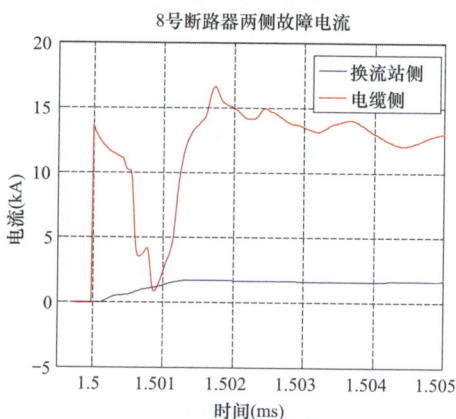

(g) 7号电缆侧故障电流达14.6kA

(h) 8号换流站侧故障电流达16.6kA

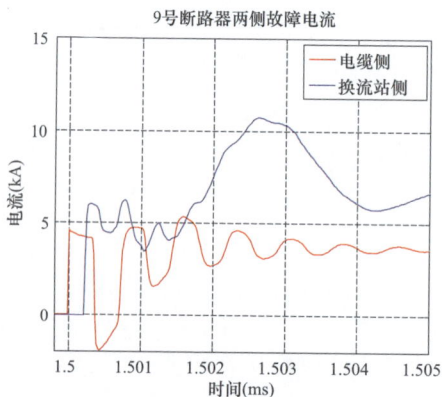

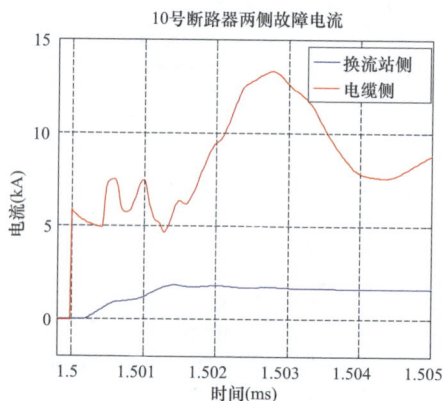

(i) 9号电缆侧故障电流为10.7kA

(j) 10号电缆侧故障电流达13.4kA

图 6-3　全部直流断路器最大故障
电流仿真波形（二）

通过仿真分析得到，舟岱站2号直流断路器和岱衢线近舟岱站8号直流断路器处的最大故障电流分别达到18.5kA和16.6kA，选择直流断路器需要在此基础上留有裕度。

基于图6-2中的10处位置，提出了以下三种直流断路器的配置方案：

方案1：在最重要的舟定换流站出口安装直流断路器。该配置能够实现直流故障的单侧快速隔离。由于舟定站容量最大，短路故障时提供的短路电流最大，直流断路器配置在舟定换流站出口（1号位置）可以更好地抑制短路电流。

方案2：在功率输送最集中的定岱线两侧安装直流断路器。该配置能够实现单条海缆故障的快速准确隔离。舟定站和舟岱站在舟山工程中容量最大，快速隔离舟岱线上发生的直流故障，可以最大限度提高舟山电网的安全稳定性。

方案3：10个位置均安装直流断路器。该配置能够实现直流故障的快速清除和隔离，保证舟山工程的安全可靠运行。但该方案成本高，对现场占地空间的要求也较高。

6.2.2　直流断路器故障对系统影响分析

直流断路器自身严重故障主要分为拒动、误动和击穿三大类。直流断路器发生拒动或者击穿时，对系统呈现导通状态，基本不会对系统故障特性和其他设备安全运行造成影响；在拒动情况下，直流断路器会耐受几十毫秒的故障电流，由于直流断路器主支路IGBT全桥模块采用双面水冷散热，且为多组全桥串并联结构，具备强过载能力。但是直流断路器在误动作的情况下，会对直流系统正常运行带来影响，但可在毫秒内通过快速重合降低对系统造成的影响。

以上分析说明，直流断路器自身在严重故障下不会影响系统运行特性和威胁其他设备的安全运行。考虑到成本以及现场布置空间有限，在舟定站配置1套直流断路器（方案1）以及在舟定站和定岱线近舟岱站共配置2套直流断路器（方案2），技术相对成熟可行，满足交流系统短路容量增大后的应用需求，能够有效地抑制直流系统短路电流发展。但由于可实现的快速隔离范围较小，需要在此基础上配置阻尼快速恢复系统。

6.3　直流断路器和阻尼快速恢复系统分析

原有舟山工程存在单换流站无法带电投退、直流故障无法隔离、无法快速重启动和桥臂故障下交流电流存在较大直流偏置等问题。根据上节分析可知，方案 3 能较好解决上述前 3 个问题，且具备今后继续拓展的空间，但其投入成本高。方案 2 存在现有舟岱站直流场空间局促的问题。而采用方案 1 虽然成本相对较低，但不能有效解决上述问题。阻尼快速恢复系统可以解决桥臂故障下交流电流的直流分量衰减慢的问题，同时也能解决换流站在线灵活投退、直流故障快速恢复问题。因此提出了方案 4，即在方案 1 的基础上，通过在舟定换流站安装阻尼模块，在舟岱、舟衢、舟洋和舟泗换流站增加配置阻尼模块和谐振型直流开关，兼顾工程的投资成本，完美解决上述 4 个问题。

6.3.1 直流断路器和阻尼快速恢复系统方案

下面基于方案 4 开展仿真分析。

1. 正极接地故障

以定岱线定海侧出口正极接地故障为例，1.5s 时刻发生正极短路故障，五站闭锁，投入阻尼模块，舟定站直流断路器跳闸；1.56s 时刻五站交流断路器跳开，控保系统根据线路差流判为定岱线故障；1.61s 时刻定岱线岱山侧线路断路器分闸；1.64s 时刻舟岱站交流断路器合闸；1.66s 时刻舟岱站以定电压控制方式解锁；1.68s 时刻舟衢站、舟洋站、舟泗站交流断路器合闸；1.7s 时刻舟衢站、舟洋站、舟泗站解锁。五站直流电流如图 6-4 所示。

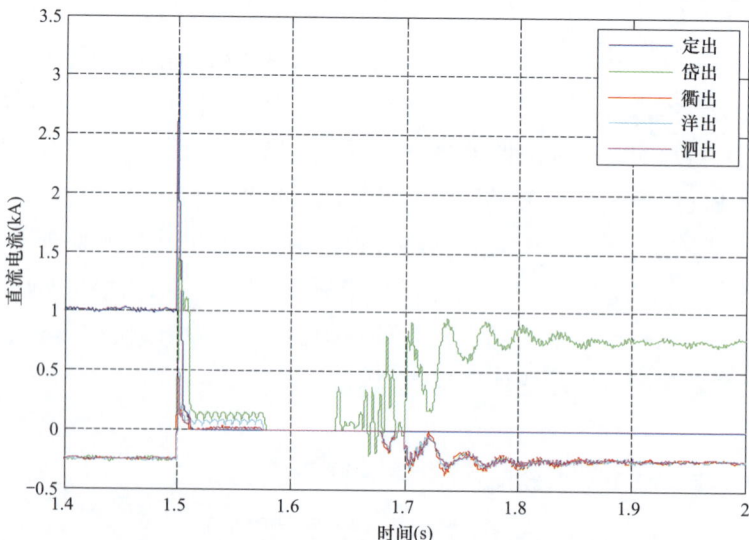

图 6-4　定岱线正极接地故障五站直流电流

舟岱站直流电压如图 6-5 所示。

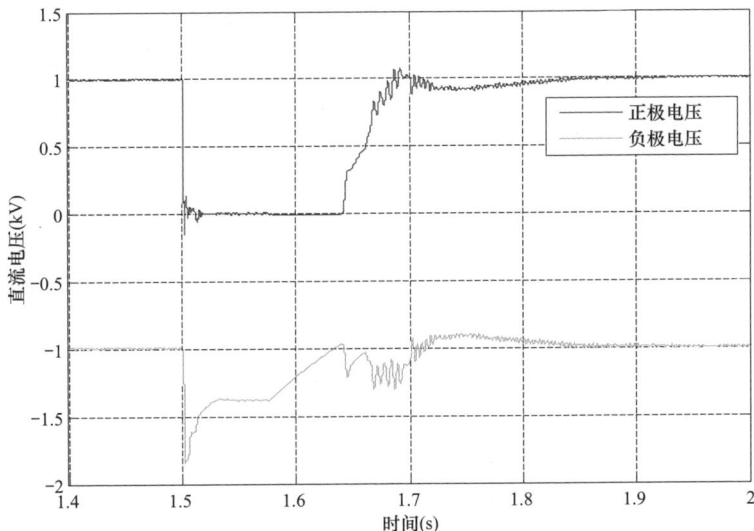

图 6-5 定岱线正极接地故障舟岱站直流电压

定岱线正极接地故障时，负极电压瞬间接近初始值的 2 倍，110ms 后故障线路被快速隔离，200ms 后舟岱、舟衢、舟洋、舟泗站快速恢复，恢复过程平稳。

2. 负极接地故障

以定岱线定海侧出口负极接地故障为例，1.5s 时刻发生正极短路故障，五站闭锁，投入阻尼模块，舟定站直流断路器跳闸；1.56s 时刻五站交流断路器跳开，控保系统根据线路差流判为定岱线故障；1.61s 时刻定岱线岱山侧线路断路器分闸；1.64s 时刻舟岱站交流断路器合闸；1.66s 时刻舟岱站以定电压控制方式解锁；1.68s 时刻舟衢站、舟洋站、舟泗站交流断路器合闸；1.7s 时刻舟衢站、舟洋站、舟泗站解锁。五站直流电流如图 6-6 所示。

舟岱站直流电压如图 6-7 所示。

由波形可知，定岱线负极接地故障时，正极电压瞬间接近初始值的 2 倍，110ms 后故障线路被快速隔离，200ms 后舟岱、舟衢、舟洋、舟泗站快速恢复，恢复过程平稳。

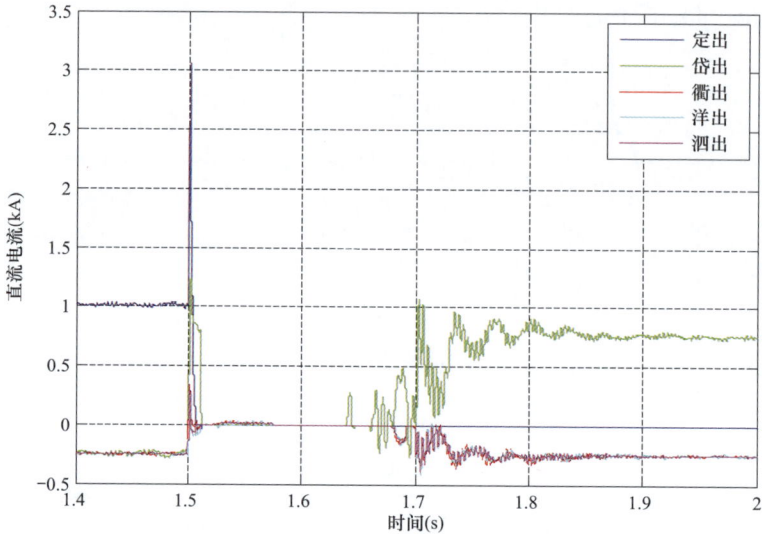

图 6-6　定岱线负极接地故障五站直流电流

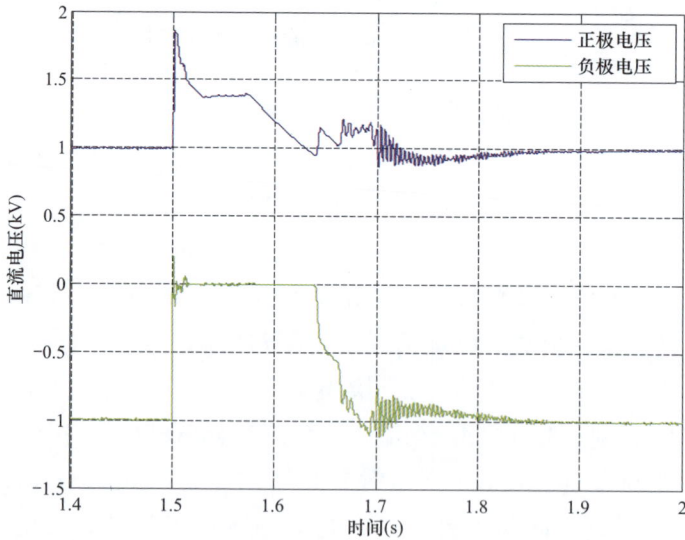

图 6-7　定岱线负极接地故障舟岱站直流电压

3. 双极短路故障

以定岱线定海侧出口短路故障为例，1.5s 时刻发生双极短路故障，五站闭锁，投入阻尼电阻，舟定站直流断路器跳闸；1.56s 时刻五站交流断路器跳开，控保系统根据线路差流判为定岱线故障；1.83s 时刻定岱线岱山侧线路开关分闸；2.03s 时刻舟岱站交流开关合闸；2.05s 时刻舟岱站以定电压控制方式解锁；2.07s 时刻舟衢站、舟洋站、舟泗站交流开关合闸；2.09s 时刻舟衢站、舟洋站、舟泗站解锁。五站直流电流如图 6-8 所示。

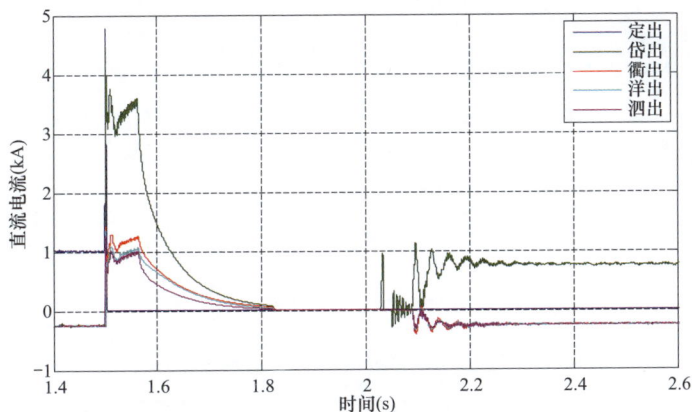

图 6-8 定岱线短路故障五站直流电流

舟岱站直流电压如图 6-9 所示。

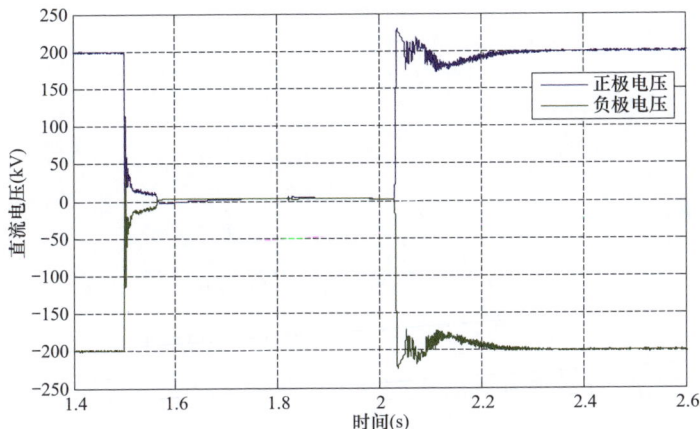

图 6-9 定岱线短路故障舟岱站直流电压

谐振型直流断路器开断过程中内部交流断路器电流、谐振回路电流、总电流如图 6-10 所示。

开断后端口电压如图 6-11 所示。

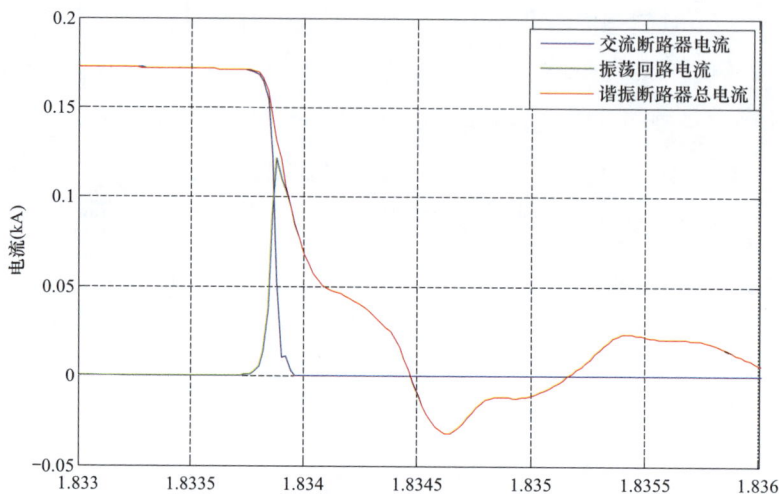

图 6-10　定岱线短路故障谐振型直流断路器电流

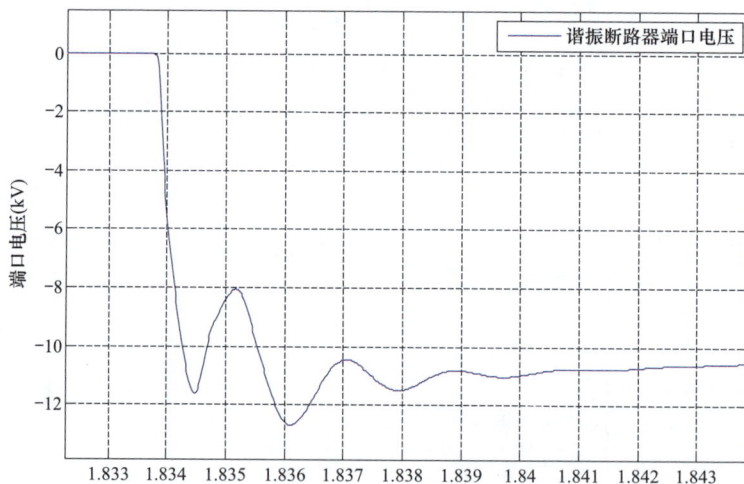

图 6-11　定岱线短路故障开断后端口电压

定岱线双极短路故障发生后，330ms 后故障线路被快速隔离，590ms 后除舟定站外，舟岱、舟衢、舟洋、舟泗站快速恢复，恢复过程平稳。

6.3.2　阻尼快速恢复系统本体故障对系统的影响

部分阻尼模块故障时会导致重启动时间有所增大。谐振型直流开关分闸失败时将闭锁该直流开关所在的换流站后续的重启动过程，其他故障隔离成功的换流站可重启运行于 HVDC 或 STATCOM 方式。为防止谐振型直流开关偷跳，在谐振型直流开关的操作回路均采用双出口继电器控制操作电压。这样即使谐振型直流开关误动，若振荡回路工作产生过零点，最终也会断开直流线路，不会出现严重的过电压或过电流等损坏设备的情况；如果谐振型直流开关未能灭弧成功，控制保护的开关保护将动作，重新合上该谐振型直流开关，降低对系统运行的影响，有常规直流的成熟经验可借鉴。正常运行过程中负极的交流开关误动时，也会对直流系统运行带来影响，但可通过快速重合来降低这种影响。

6.4 直流断路器和阻尼快速恢复系统的接入方案

6.4.1 直流断路器接入方案

舟山工程将直流断路器接入换流站的平波电抗器与直流电缆之间，如图 6-12 所示。

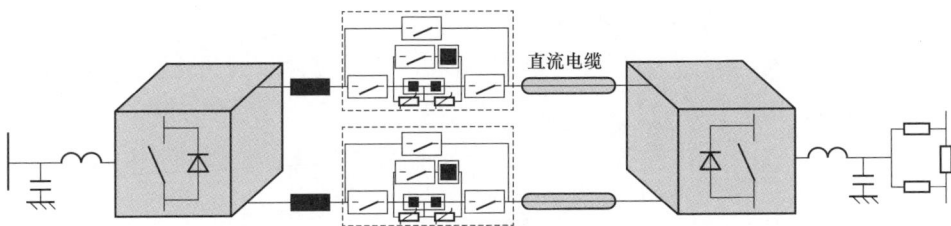

图 6-12 直流断路器接入位置

为了便于直流断路器的故障检修和例行维护，在直流断路器两侧配置隔离开关和接地开关。在系统发送合闸命令时，先投入与之串联的隔离开关并断开接地开关，再投入直流断路器。在系统根据运行要求跳开线路时，先跳开直流断路器，再断开隔离开关。

直流断路器的阀控设备和柔性直流输电系统控制保护之间通过光纤进行信号传输，加快了信号传递速度，并增强了系统的抗干扰能力。

6.4.2 阻尼快速恢复系统接入方案

1. 阻尼模块接入方案

在舟山柔性直流工程现有的换流阀阀塔空槽位中加入由 IGBT 和阻尼电阻并联组成的阻尼模块，阻尼模块的结构与阀塔中的功率模块采用一致的结构和接口设计，如图 6-13、图 6-14 所示。

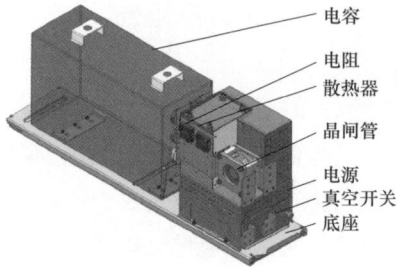

图 6-13　功率模块

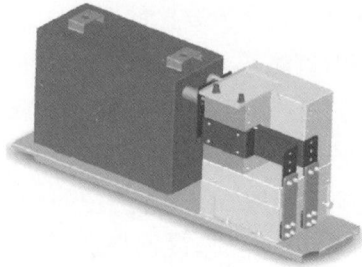

图 6-14　阻尼模块

从功率模块与阻尼模块的外观对比图可以看出，阻尼模块采用模块化设计，与换流阀阀塔中现有功率模块的外形、水冷却接口、通信光纤结构、安装固定方式完全一致。换流阀改造简便，不增加任何占地，仅利用阀塔中现有的空槽位安装阻尼模块，换流阀阀塔无需增加额外设备，改造后换流阀整体外观保持整洁、完好。

2. 辅助开断设备接入方案

阻尼模块对故障电流进行衰减后，现有的直流侧隔离开关无法分断衰减后的直流电流，因此需对直流场设备进行改造。

改造设备在图 6-15 中标出，将相关换流站的出线正极隔离开关改造为谐

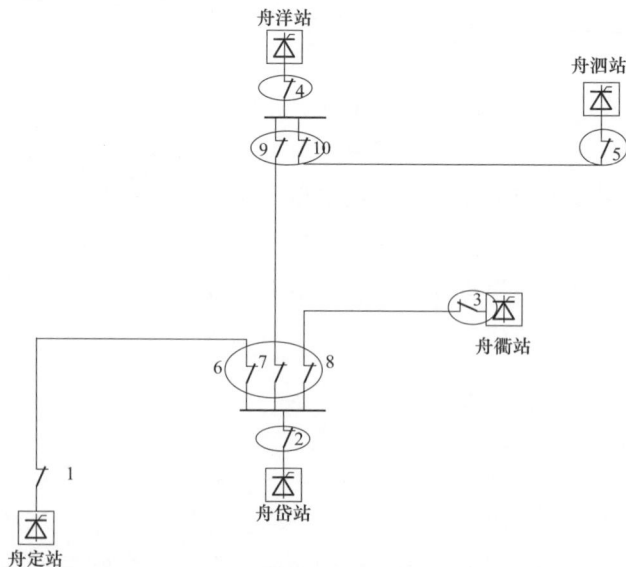

图 6-15　直流场设备改造范围

振型直流开关，负极出线隔离开关改造为普通交流断路器，配以相应的隔离开关改造后的直流场如图 6-16 所示。舟岱和舟洋站包含汇流母线，由于现场直流场空间较小，为实现换流站的带电投退功能，将极母线上的隔离开关（蓝色标识）改造为占地相对较小的 HGIS 开关。

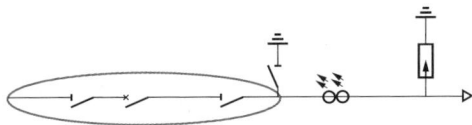

图 6-16　改造后的直流场出线图

参考文献

[1]　刘黎，沈佩琦，杨勇，等. 舟山多端柔性直流输电系统换流阀技术［J］. 浙江电力，2018，37（11）：16-22.

[2]　刘黎，俞兴伟，乔敏. 直流断路器及阻尼快速恢复系统在舟山多端柔性直流输电工程中的应用［J］. 浙江电力，2018，37（09）：8-13.

[3]　周洁. 直流断路器在舟山多端柔性直流输电工程的应用研究［A］. 中国电力科学研究院. 2017 智能电网新技术发展与应用研讨会论文集［C］. 中国电力科学研究院：北京市海淀区太极计算机培训中心，2017：5.

[4]　董云龙，凌卫家，田杰，等. 舟山多端柔性直流输电控制保护系统［J］. 电力自动化设备，2016，36（07）：169-175.

[5]　高强，吴华华，陈楚楚，等. 舟山多端柔性直流系统环流抑制和交流故障穿越能力分析［J］. 电网与清洁能源，2016，32（06）：62-67.

[6]　黄磊，罗伟，杨冠军. 舟山多端柔性直流系统交流故障穿越能力分析［J］. 电气开关，2016，54（03）：22-26.

[7]　王栋. 舟山多端柔直系统成功实施联网孤岛互转试验［N］. 科技日报，2014-11-19（008）.

[8]　吴方劼，马玉龙，梅念，等. 舟山多端柔性直流输电工程主接线方案设计［J］. 电网技术，2014，38（10）：2651-2657.

[9]　李亚男，蒋维勇，余世峰，等. 舟山多端柔性直流输电工程系统设计［J］. 高电压技术，2014，40（08）：2490-2496.

[10]　胡欣，李兴源，朱瑞可. 舟山多端柔性直流输电系统控制策略分析［J］. 四川电力技术，2014，37（04）：27-30＋45.

[11]　马玉龙，马为民，陈东，等. 舟山多端柔性直流工程系统方案［J］. 电力建设，2014，35（03）：1-6.

7 多端柔性直流系统灵活运行技术

为了保证多端柔性直流输电系统的可靠灵活运行，当某一换流站因故障检修或计划停运需要投入或者退出运行时，要求剩余健全换流站可继续组成多端柔性直流系统保持正常运行。因此需要研究适用于多端柔性直流输电系统的换流站在线投入、退出控制策略。

7.1 子模块充电过程分析

为保证换流站安全、可靠地在线投入/退出运行中的直流网络，需要分析换流器的充电过程。为防止换流站在线投入/退出时换流器子模块电容快速充放电，总体原则是先对子模块电容进行充电，确保相单元总的子模块电容电压之和高于运行网络直流电压。按照充电来源，将子模块充电过程分为交流充电、直流充电、交直流混合充电进行分析。

7.1.1 子模块交流充电

多端柔性直流输电系统中换流器通常采用便于向高压、大容量方向扩展的模块化多电平结构，换流器级联有大量子模块，各子模块电容电压均衡度决定了整体换流器的平稳安全性。图 7-1（a）为三相模块化多电平换流器（MMC）主电路拓扑结构示意图，包含 6 个桥臂，每个桥臂由 n 个子模块（SM）及一个换流电抗器串联组成；子模块的结构如图 7-1（b）所示，由一个 IGBT 半桥及一个直流储能电容并联组成。

子模块上下两个 IGBT 不能同时导通，因此有闭锁、导通、关断三种工作模式，如图 7-2 所示。

（1）闭锁：上、下两个 IGBT（VT1、VT2）都处于关断状态，由反并联二极管（VD1、VD2）的正向导通性决定子模块的状态。当电流经过二极管 VD1 时，电容 C 串联在桥臂中并充电；当电流经过二极管 VD2 时，电容 C 被旁路。

（2）导通：VT1 开通，VT2 关断，子模块输出电压即为电容电压，电流的方向决定了电容为充电还是放电。

（3）关断：VT1 关断，VT2 开通，电流通过 VT2 或 VD2，子模块的电容总是被旁路，因此模块输出电压为 0。

换流器在投入前，需要对各子模块预充电。预充电分为两个阶段：第一阶段为交流不控充电阶段；第二阶段为交流主动充电阶段。不控充电时，MMC

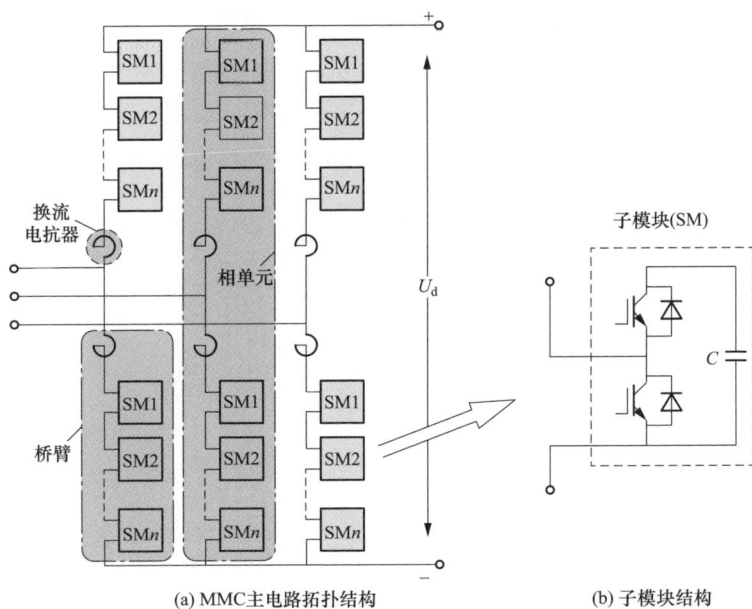

(a) MMC主电路拓扑结构

(b) 子模块结构

图 7-1 三相 MMC 主电路拓扑结构示意图

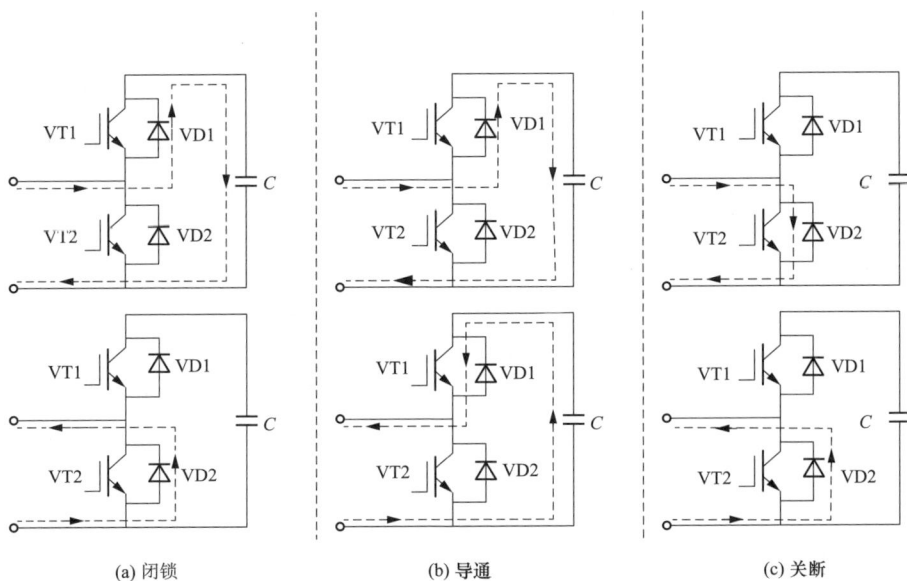

(a) 闭锁

(b) 导通

(c) 关断

图 7-2 子模块的三种工作模式

换流器的交流侧需串联限流电阻，防止因充电电流过大，产生等效瞬间电容短路故障。如图 7-3 所示，当换流器启动时，断开交流断路器 QF2，闭合交流断路器 QF1，交流网侧系统对 MMC 进行不控充电，限流电阻 R 的大小根据充电电流的要求选择。当不控充电阶段结束时，闭合 QF2，旁路限流电阻，进入不控充电稳定阶段。

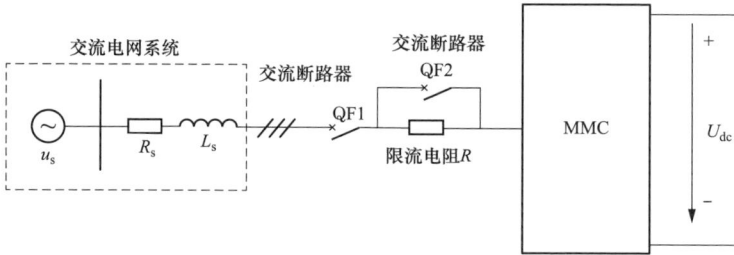

图 7-3　MMC 不控充电阶段限流电阻接线示意图

根据图 7-1 所示的 MMC 拓扑结构，由于半导体器件 IGBT 均反并联有二极管，不控充电时，网侧三相交流电源线电压会同时加在一个桥臂上，即一个桥臂所有模块电容充电电压之和最大为交流线电压峰值。以三相交流侧电压 $u_{sA} > u_{sB} > u_{sC}$ 为例，忽略电网阻抗，充电过程如图 7-4 所示。

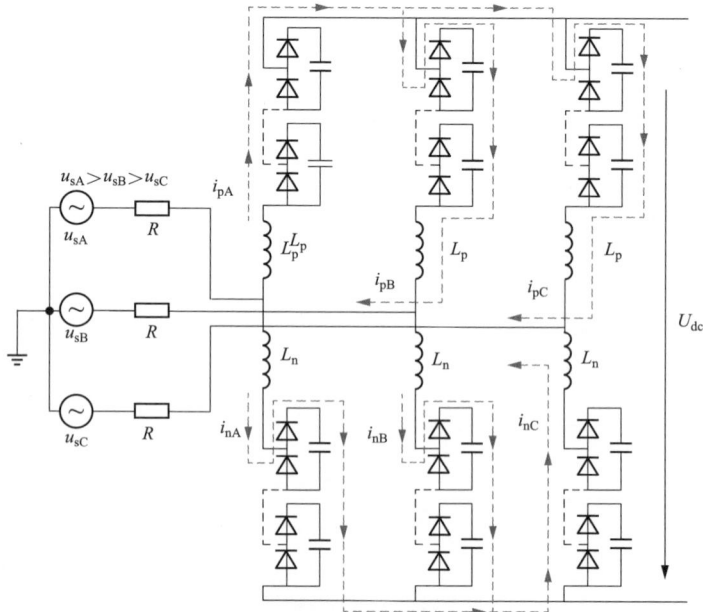

图 7-4　不控充电过程示意图

图中 R 代表不控充电时的限流电阻，根据充电电流通路可知，由于续流二极管的存在，网侧相电压最大的一相对应的上桥臂电容被旁路，网侧相电压最小的一相对应的下桥臂电容也被旁路。即任一时刻均有 2 个桥臂被旁路，4 个桥臂处于充电阶段。

令网侧 A 相交流电压峰值为 U_s，各桥臂电容充电电压最大值为 u_{cmax}，单桥臂子模块个数为 n，根据图 7-4 所示有：

$$u_{cmax} = \frac{\sqrt{3}U_s}{n} \tag{7-1}$$

又 MMC 直流设定电压 U_{dc} 与模块电容正常工作电压 u_c 存在如下关系：

$$u_c = \frac{U_{dc}}{n} \tag{7-2}$$

定义电压调制比 m 为：

$$m = \frac{U_s}{U_{dc}/2} \leqslant 1 \tag{7-3}$$

因此，由式（7-1）～式（7-3）可得：

$$\frac{u_{cmax}}{u_c} = \frac{\sqrt{3}U_s}{U_{dc}} = \frac{\sqrt{3}}{2}m \leqslant \frac{\sqrt{3}}{2} \tag{7-4}$$

式（7-4）表示在不控充电时，模块电容电压所能达到的充电电压最大为正常工作电压的 $\sqrt{3}/2$ 倍，不能充电至正常工作电压。如需继续提升电容电压，需要进入交流主动充电阶段，将电容电压进一步提高。

在交流主动充电阶段，连接于交流电源的换流器子模块电容电压在经过第一阶段不控充电稳定后，子模块能够正常工作。通过控制系统判断电容电压，触发子模块开关器件，以减少桥臂中投入充电子模块数量。当桥臂过流时增加桥臂中子模块充电数量抑制过流，子模块电压稳定后继续减少导通子模块数量，直至最终桥臂充电子模块数量等于桥臂的正常解锁工作子模块数量，形成闭环控制调节使得电容电压进入稳态。交流主动充电策略流程如图 7-5 所示。

经过交流主动充电完成后，电容电压可达到正常解锁工作电压，即单一桥臂子模块电容电压之和等于正常运行网络直流侧电压。

7.1.2　子模块直流充电

对于直流启动的换流器，直流正负极母线电压由直流网络决定。直流侧电

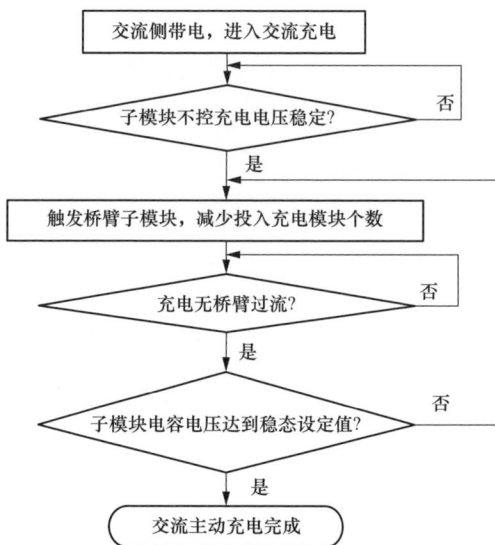

图 7-5　交流主动充电策略流程图

压分别与 A、B、C 相的上、下桥臂构成充电回路，通过同一相单元中子模块上管反并联二极管对子模块电容器进行充电。图 7-6 给出了以 A 相为例的充电回路，B、C 相充电回路与此相同。

三个相单元的子模块将同时被充电，因此每个桥臂子模块充电周期为整个工频周期，充电状态示意图如图 7-6 所示。充电同样包括两个阶段，如图 7-7 所示：初始阶段直流母线电压一直高于相单元子模块电容电压和，子模块在整个工频周期都被充电；第二阶段处于充电稳态时期，相单元子模块电容电压和与直流母线电压持平，充电结束。

连接于直流网络的换流器通过直流母线对换流器子模块电容进行自然直流充电。此时充电回路是由直流母线和相单元的上下桥臂组成，子模块闭锁时充电电流流经各子模块上管反并联二极管。因此，充电稳态后，子模块最大电压为：

$$U_{\text{sm\_max}} = \frac{1}{2N}u_{\text{dc}} \tag{7-5}$$

此时子模块电压等于额定电压的一半，需要进一步提高电容电压，因此进入直流主动充电阶段。直流主动充电策略为：换流器子模块电压不控充电稳定后，控制换流器导通所有子模块，随后减少相单元中导通子模块数量，当桥臂过流时，增加相单元中导通子模块数量抑制过流，子模块电压稳定后继续减少

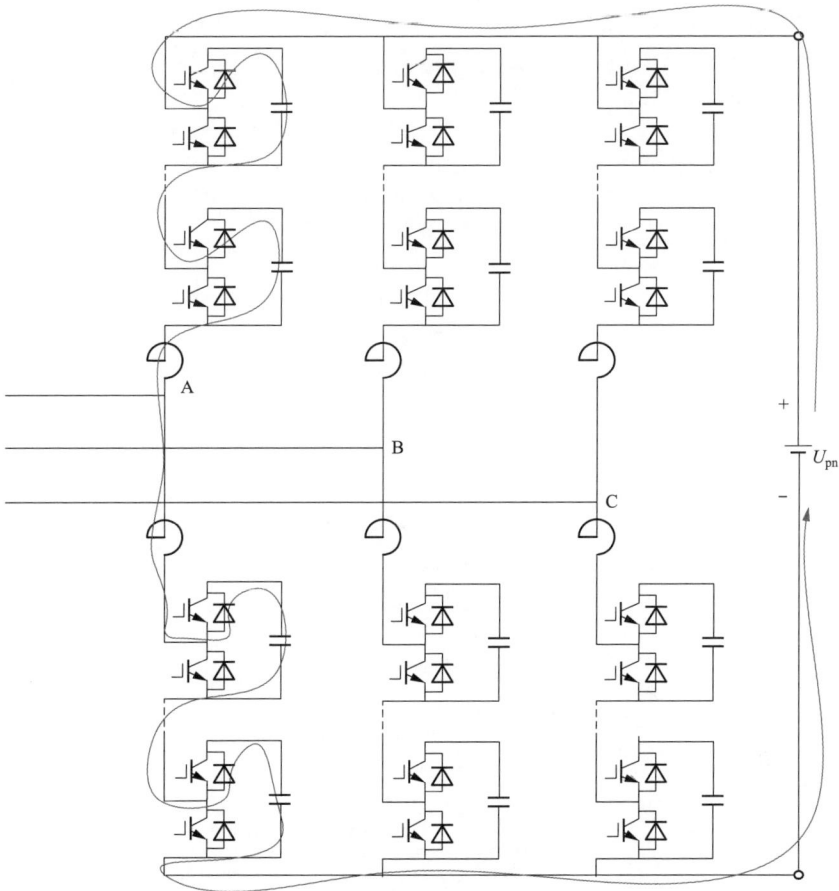

图 7-6　MMC 换流器直流启动充电回路

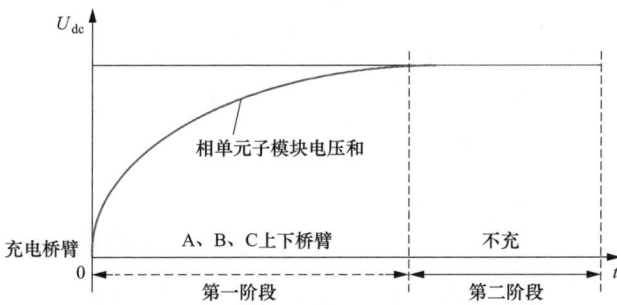

图 7-7　MMC 直流启动桥臂充电状态示意图

导通子模块数量,直至最终相单元导通子模块数量等于桥臂的工作子模块数量,等待子模块电压稳定后,平滑过渡至正常运行状态。直流主动充电策略流程如图 7-8 所示。

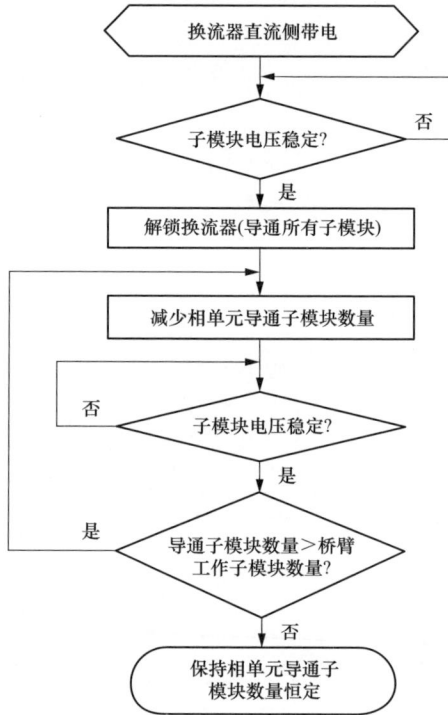

图 7-8　直流主动充电策略流程图

7.1.3　子模块交直流混合充电

为保证并入直流网络瞬间,子模块电容不会有冲击电流流入,需保证子模块电容电压达到一定值,因此需分析交直流联合充电过程。换流器交流侧有交流电源,直流侧也有直流电源时,即同时通过交流和直流电源向换流器子模块电容充电。

如图 7-9 所示,理论上,在直流侧电压低于交流网侧电源线电压峰值时,直流侧电压对于换流器来说相当于一个负载,交流电源在对电压最高的相单元下桥臂和电压最低的相单元上桥臂子模块充电的同时,也通过电压最高的相单元上桥臂和电压最低的相单元下桥臂下管反并联二极管,与直流侧电源构成电流回路。这两个桥臂的桥臂电流在负方向时增大，但此电流并不对换流器进行充电，换流器的充电回路与单独交流充电时相似。

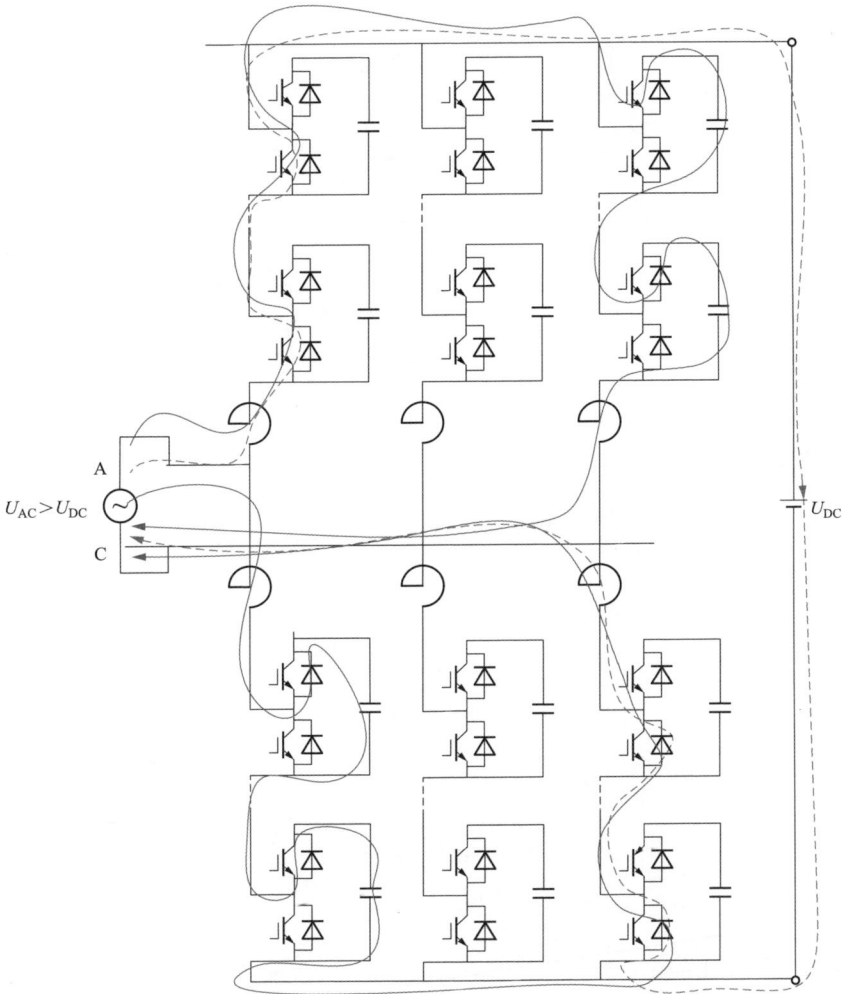

图 7-9 交流电压高于直流电压时，交直流混合充电回路

如图 7-10 所示，当直流侧电源电压高于交流电源线电压峰值时，构成交直流同时充电回路。此时，交流线电压与直流电压同向串联，同时为电压最高和电压最低的两个相单元的下桥臂和上桥臂子模块电容充电。单个桥臂的子模块电压和将超过线电压峰值，两个桥臂的子模块电压和将大于直流母线电压，

因此其余桥臂既不能形成单独交流充电的充电回路，也不能形成单独直流充电的充电回路，其电流均为 0。

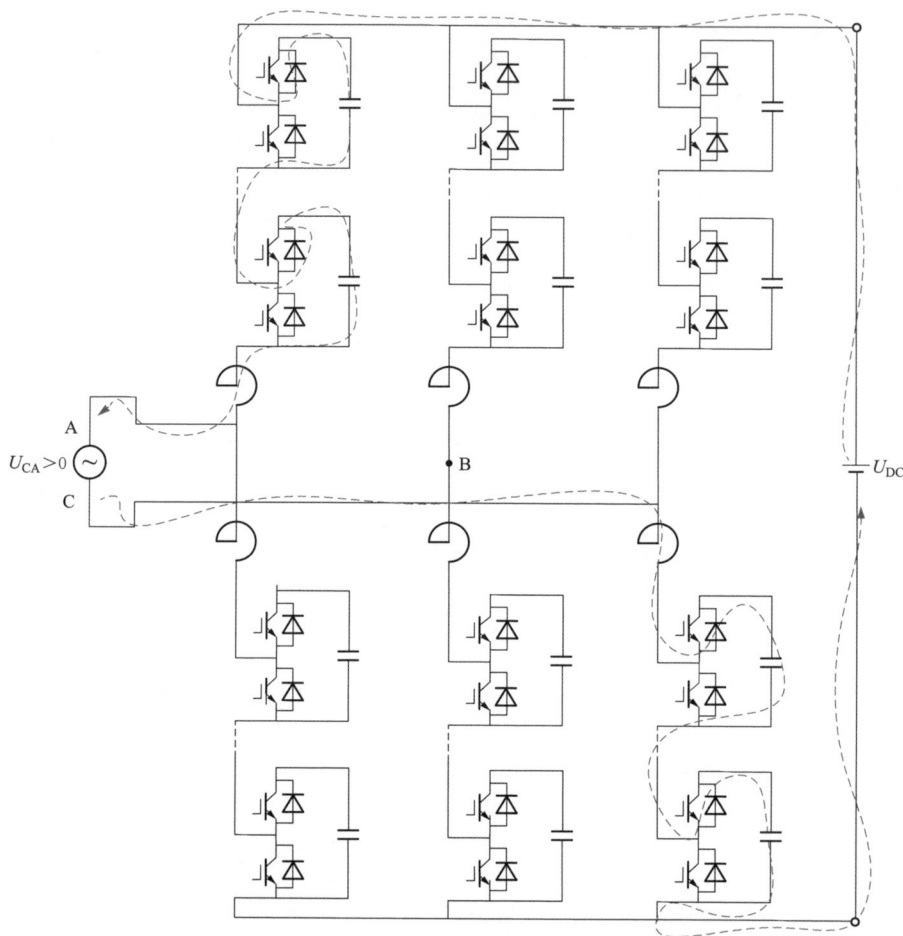

图 7-10　交流电压低于直流电压时，交直流混合充电回路

通过以上交直流混合充电分析，在换流站投入时，应保证电容电压足够高，避免因为交直流网络电压通过图 7-10 回路流入子模块电容，产生冲击。

综上所述，经过不控充电阶段及主动充电阶段完成后，电容电压可达到正常解锁工作电压，即单一桥臂子模块电容电压之和等于正常运行网络直流侧电压，保证在换流站投入过程中不会出现如图 7-10 所示的直流侧向桥臂子模块电容充电的问题，解决了投入瞬间存在电流冲击的问题。

7.2 换流站单站在线投入

针对单个换流站存在故障退出或者调度安排计划退出多端柔性直流输电系统的情况，当该换流站检修、调试完成后，需要重新投入多端柔性直流输电系统。在以往工程中，需要把正常运行的换流站停运，待海缆完全放电后所有换流站再重新投入运行。整个过程操作步骤繁杂，耗时超过 2h，严重降低了多端柔性直流输电系统的运行灵活性和可靠性。尤其是当多端柔性直流输电系统给孤岛供电时，由于柔性直流是孤岛系统的唯一电源，因此不允许停运。此时若单个换流站无法在线投入多端柔性直流输电系统，将严重影响岛上人民的生产生活用电。基于以上问题，提出了单个换流站在线投入多端柔性直流输电系统的控制策略。

换流站单站在线投入可以分为换流站不带线路在线投入和换流站带线路在线投入两种情况。

7.2.1 换流站不带线路在线投入系统

多端柔性直流输电系统中各换流站之间通过海缆、电缆或者架空线连接，当单个换流站因站内故障停运时，可不停运与其相连的线路，待检修完毕后再次投入多端柔性直流输电系统，这就是换流站不带线路在线投入。

为了防止换流站投入瞬间电流对子模块和直流开关的冲击，要求 MMC 每相单元的子模块电压和大于等于直流侧电压，从而使电流无法从直流侧流入换流阀。同时，换流阀需处于闭锁状态，使电流无法在换流阀与直流网络之间交互流动。

换流站单站不带线路投入系统的步骤如下：

（1）待投入换流站从检修操作到 STATCOM 运行；

（2）换流站闭锁后，立即合上直流侧开关；

（3）运行方式由 STATCOM 转为 HVDC 方式，控制模式由定直流电压转为定有功功率控制；

（4）解锁待投入换流站，换流站并入直流网络，投入成功。

在以上步骤（1）中，换流站 STATCOM 运行可以根据条件选择，在满足投入约束条件后，换流站可以不解锁，进行下一步操作。投入流程如图 7-11

所示。

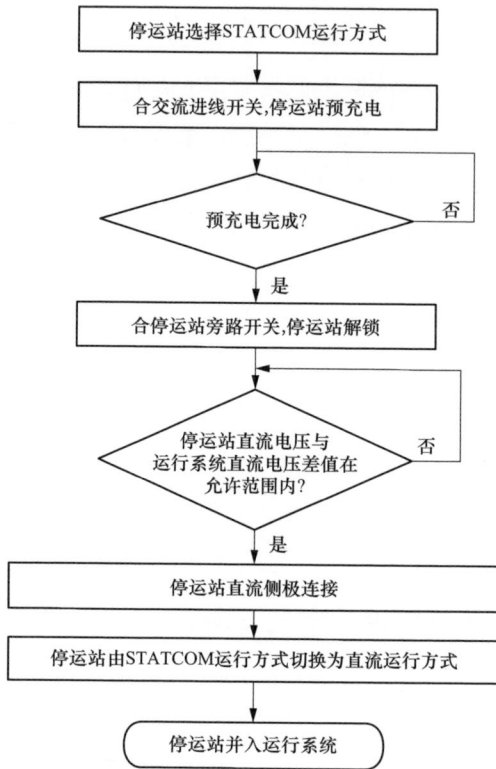

图 7-11　换流站投入系统流程图

换流站闭锁后，子模块电容通过并联在其两端的均压电阻放电，子模块电压开始根据其 RC 时间常数下降。为了防止投入瞬间电流对子模块和直流开关的冲击，由 7.1 节中对换流器充电过程分析可知，换流站投入直流网络时，换流器处于交直流混合充电模式。令换流器闭锁瞬间子模块电容电压为正常工作电压 U_{c}，交流线电压为负向最大值 $\sqrt{2}U_{ij}$ 时，加在桥臂子模块电容上的最大电压为 $U_{dc}+\sqrt{2}U_{ij}$，为避免投入换流站瞬间由于加在桥臂子模块电容上的外部电压与子模块电容电压存在压差导致的冲击电流流入换流器，要求子模块电容电压和应满足不小于交直流充电电压，得到从换流站 STATCOM 运行闭锁到换流站投入直流系统但未解锁的这段时间 t 应满足关系式：

$$t \leqslant RC\ln\frac{SumU_{c}}{U_{dc}+\sqrt{2}U_{ij}} \qquad (i,j=\mathrm{a,b,c},i\neq j) \qquad (7\text{-}6)$$

根据式（7-6）计算可得，为避免单站在线投入时产生电流冲击，舟山工程单站投入的时间限值为 10s 左右，而舟山工程直流侧先前配置的隔离开关，为旋转机械连接设备，从分到合的时间在 8～12s，因而不建议换流站在线投入操作时采用直流隔离开关。为避免子模块电容放电时间过长，电容电压下降，导致单站投入时产生充电电流尖峰损坏子模块电容，应采用直流开关（直流断路器或谐振型直流开关）缩短换流站在线投退时间。

舟山五端柔性直流工程中，直流侧采用谐振型直流开关和交流断路器的组合，换流站单站在线投入多端柔性直流输电系统的波形如图 7-12 所示。

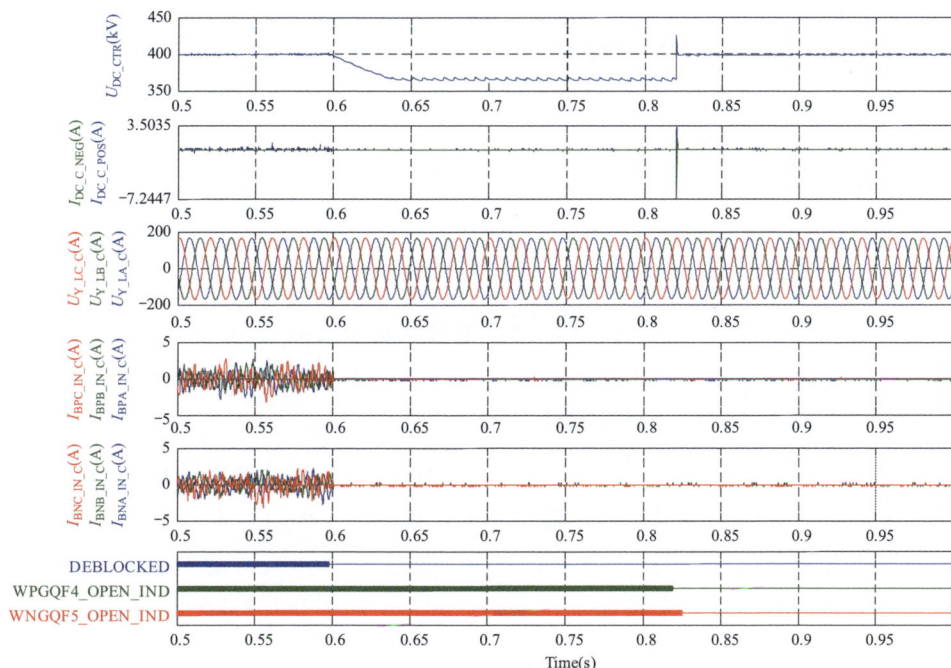

图 7-12 舟山五端柔性直流单站不带线路投入系统瞬间波形

图 7-12 中，U_{DC_CTR} 为直流侧正负极间电压；$I_{DC\_C\_POS}$、$I_{DC\_C\_NEG}$ 为直流正、负极电流；$U_{Y\_LA\_C}$、$U_{Y\_LB\_C}$、$U_{Y\_LC\_C}$ 为阀侧三相电压；$I_{BPA\_IN\_C}$、$I_{BPB\_IN\_C}$、$I_{BPC\_IN\_C}$ 为上桥臂三相电流；$I_{BNA\_IN\_C}$、$I_{BNB\_IN\_C}$、$I_{BNC\_IN\_C}$ 为下桥臂三相电流；DEBLOCKED 为解闭锁信号，为 1 表示解锁，0 表示闭锁；WPGQF4_OPEN_IND、WNGQF5_OPEN_IND 为直流正、负极开关分位信号，为 1 表示分位，0 表示合位。由图可知，待投入换流站闭锁后，直流正、负极开关合上瞬间，直流电流均小于 10A，无桥臂电流毛刺，即没有冲击

进入换流器，实现了换流站平滑、无扰投入多端运行网络。

7.2.2　换流站带线路在线投入系统

当线路检修完毕需要重新投入系统时，若直接将线路单独投入运行系统中，瞬时等效为双极短路，会产生很高的电流尖峰，影响线路的运行可靠性。因此，需要通过换流站带线路投入多端柔性直流输电系统中。需要指出的是，对于换流站带线路投入运行直流网络，如果将待投入换流站带线路操作至解锁状态，而后运行直流汇流站进行连接线路操作，需要依赖可靠的直流站间通信，保证直流电压控制站唯一，待投入站闭锁切换运行模式时间配合准确。一旦直流站间通信出现问题，换流站将无法带线路在线投入系统。从实际灵活运行技术出发，应尽量减少限制依赖条件，因此舟山工程采用换流站充电模式下带线路投入系统的策略。

换流站带线路投入系统的步骤如下：

（1）待投入换流站连接待投入线路从检修状态操作到有源 HVDC 充电状态；

（2）待投入换流站连接待投入线路对侧的换流站判定线路直流电压与直流运行网络电压差值小于一定值（逻辑设定自动判定）；

（3）待投入换流站及线路对侧的换流站进行投入线路连接的操作，待投入的线路与两侧换流站均连接；

（4）待投入换流站及线路投入直流系统成功，运行人员解锁换流站。

下面结合舟山五端柔性直流输电系统，以舟岱、舟洋、舟泗运行，舟衢站带海缆投入为例进行说明。

舟衢站带海缆投入步骤如下：

1）舟岱、舟洋、舟泗在解锁运行状态；

2）舟衢站运行模式为有源 HVDC，控制方式为有功功率控制和无功功率控制，舟衢侧岱衢线已连接；

3）舟衢站进行有源 HVDC 充电，主动充电完成，电容电压满足带线路投入时无危害设备的冲击电流的条件；

4）在舟岱站进行岱衢线直流线路连接；

5）系统稳定后，舟衢站 RFO 满足，解锁舟衢换流站，舟衢换流站带海缆投入完成。

由于待投入换流站始终保持带线路交流充电状态，因此，根据 7.1 节分析，只要保证换流站带线路进入交流主动充电稳态过程，电容电压满足稳定在工作电压的约束条件，即可保证连接直流线路时无危害设备的冲击电流产生。

　　试验波形如图 7-13、图 7-14 所示。图中 U_{DP} 为直流正极电压，U_{DN} 为直流负极电压，I_{DP}、I_{DN} 分别为岱山线正负极母线电流，I_{DP2}、I_{DN2} 分别为岱衢线正负极电流，I_{DP3}、I_{DN3} 分别为岱洋线正负极电流，I_{VC_L1}、I_{VC_L2}、I_{VC_L3} 分别为阀侧 A、B、C 相电流。

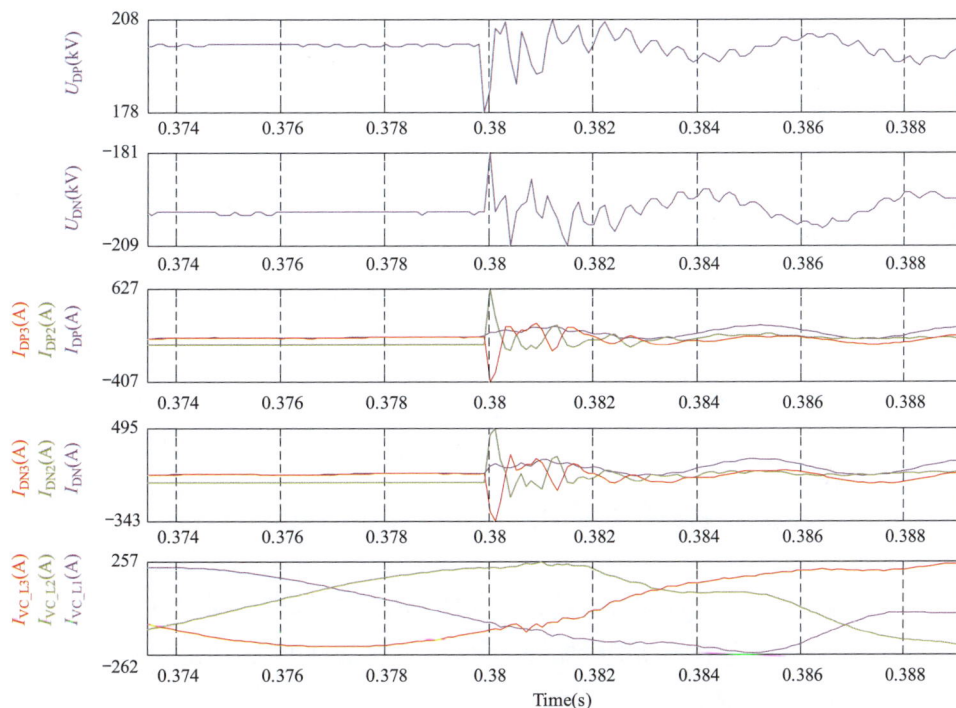

图 7-13　岱山站合上岱衢线开关瞬间岱山站波形

　　从图 7-13 和图 7-14 可以看出，舟岱站合上岱衢线开关后，舟衢站带直流电缆投入运行系统，直流电压跃升至±200kV。由于投入之前直流线路电压为交流充电建立电压，小于运行系统的直流电压，存在电压差，因此直流线路会有瞬时电流尖峰产生，但由于交流主动充电模式下子模块电压和高于加在子模块电容上的最大电压 $U_{dc}+\sqrt{2}U_{ij}$，因此该电流尖峰不会流过子模块，也不会对子模块电容产生影响。投入瞬间岱衢线正极电流最大值为 627A，负极电流最大值为 495A，满足直流谐振开关和直流断路器的技术指标，同时能够保证换流器安全。

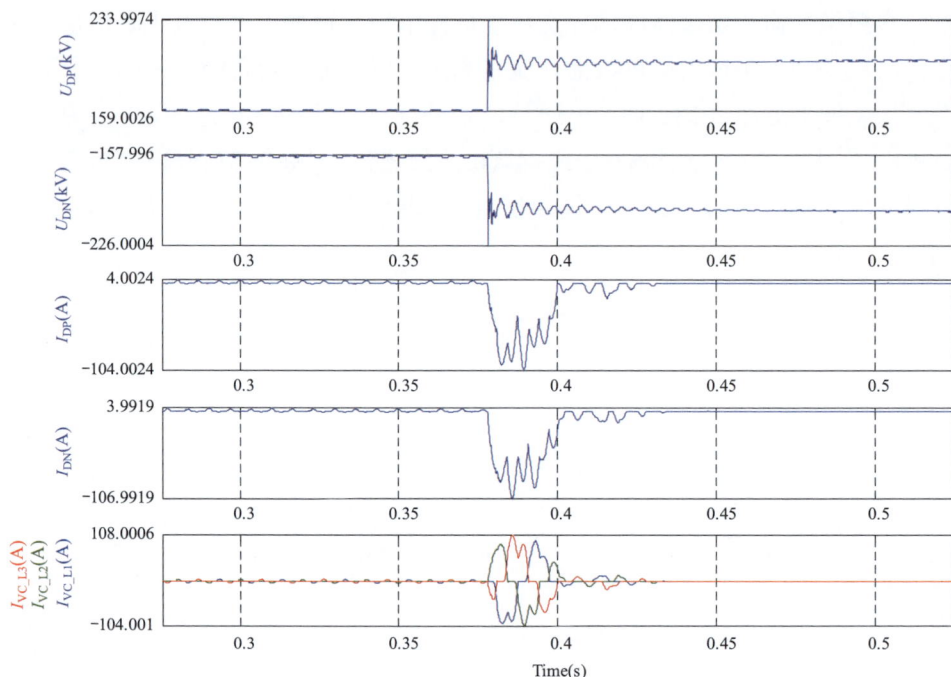

图 7-14   岱山站合上岱衢线开关瞬间衢山站波形

7.3   换流站单站在线退出

当换流站发生站内故障或者计划停运时，从系统的运行灵活性上考虑，希望该站单站退出，其他换流站继续保持正常运行。换流站单站退出的步骤如下：

（1）换流阀闭锁；

（2）换流站站内交流阀侧开关跳开；

（3）换流站直流开断装置断开，与直流线路隔离。

当换流站直流侧配置直流断路器时，换流站单站退出时，不需要考虑直流侧电流。当换流站直流侧配置谐振型直流开关时，需要保证在换流站退出瞬间直流侧电流不大于其能拉开的最大电流值。

7.3.1   充电阶段在线退出

换流站计划停运时，运行人员首先闭锁换流阀，换流站处于充电但未解锁的状态；然后，断开交流侧开关；交流侧开关断开后自动分断直流断路器或谐振型直流开关，该时间间隔不会超过 100ms，因而无需考虑子模块电压的下降。

不同换流阀充电控制策略对于充电时子模块电压的控制是不同的，但只需要满足 $SumU_c \geqslant U_{dc}$，直流断路器或谐振型直流开关分断过程中就不会出现电流尖峰，其中 $SumU_c$ 为上下桥臂的子模块电压和。根据理论分析，不控充电阶段，子模块电容电压约为额定值的 70%，即 0.7p. u. 。不同设备提供商无论采用何种子模块均压策略，其子模块电容电压不会低于 0.7p. u. ，不考虑冗余的情况下，正常运行时子模块平均电压为

$$U_c = \frac{U_{dcN}}{N} = 1p. u. \tag{7-7}$$

分开交流开关后，上下桥臂的子模块电容电压和为

$$SumU_c = 2N \times 0.7p. u. \tag{7-8}$$

结合以上两式，可以得到

$$SumU_c = 1.4U_{dcN} > U_{dcN} \tag{7-9}$$

因而，交流侧开关断开后立即进行分直流开关的操作，不会对直流开关造成不利影响。同时，在充电阶段若发生故障，需要换流站退出时，同样不会对直流开关造成不利影响。充电阶段换流站退出的波形如图 7-15 所示。

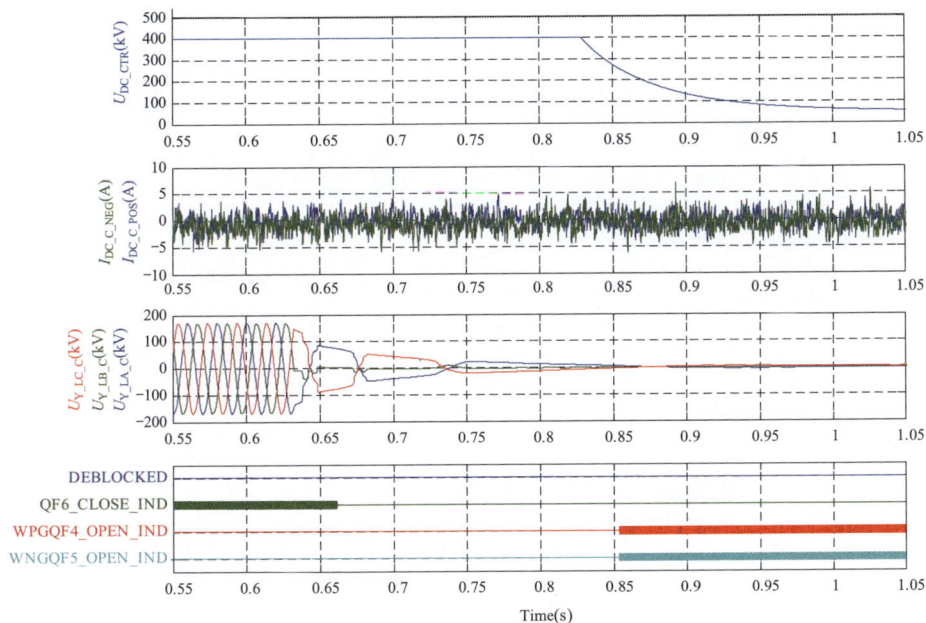

图 7-15　充电阶段换流站退出的波形

图 7-15 中，U_{DC_CTR} 为直流侧正负极间电压；$I_{DC\_C\_POS}$、$I_{DC\_C\_NEG}$ 为直流正、负极电流；$U_{Y\_LA\_C}$、$U_{Y\_LB\_C}$、$U_{Y\_LC\_C}$ 为阀侧三相交流电压；DE-BLOCKED 为解闭锁信号，为 1 表示解锁，0 表示闭锁；QF6 _ CLOSE _ IND 为阀侧开关合位信号，为 1 表示合位，0 表示分位；WPGQF4 _ OPEN _ IND、WNGQF5 _ OPEN _ IND 为直流正、负极开关分位信号，为 1 表示分位，0 表示合位。如图所示，换流阀未解锁，通过交流侧向子模块充电，拉开交流阀侧开关，短时间电容电压放电缓慢，相单元电容电压总和大于运行直流电压，拉开正、负极开关瞬间，没有直流充电电流流入换流阀，换流站退出无冲击扰动现象。

7.3.2　解锁阶段在线退出

在换流站正常解锁运行时，若发生仅影响单站运行的故障，需要单站退出。退出过程为：先闭锁换流阀并断开交流侧开关，交流侧开关断开后自动分断直流开关，从闭锁到自动分直流开关的时间间隔不会超过 100ms，因而不考虑子模块电压的下降。此时

$$\mathrm{Sum}U_c = 2U_{dcN} > U_{dcN} \tag{7-10}$$

此种工况下直流侧也没有电流，可以拉开直流开关。解锁阶段退出波形如图 7-16 所示。

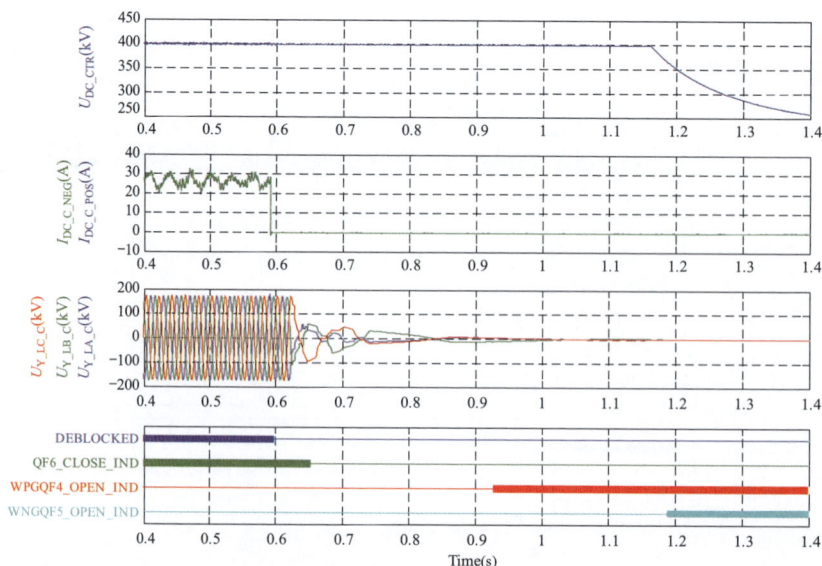

图 7-16　解锁阶段单站退出波形

图 7-16 中各符号含义与图 7-15 相同。如图所示，换流阀闭锁后，拉开阀侧交流开关，短时间电容电压放电缓慢，由 7.1 节中的分析可知，相单元子模块电容电压总和大于运行直流电压，拉开正、负极开关瞬间，未有直流充电电流流入换流器，换流站退出无冲击扰动。

参考文献

［1］ 胡晓静. 含柔性直流的交直流混合电网运行风险评估方法研究［D］. 中国电力科学研究院，2018.

［2］ 凌卫家，孙维真，张静，等. 舟山多端柔性直流输电示范工程典型运行方式分析［J］. 电网技术，2016，40（06）：1751-1758.

［3］ 司志磊，陆翌，韩坤，等. 基于桥臂阻尼阀组的模块化多电平换流器故障快速清除与系统恢复技术［J］. 电力自动化设备，2018，38（04）：60-67＋74.

［4］ 马焕，姚为正，吴金龙，等. 含桥臂阻尼的 MMC-HVDC 直流双极短路故障机理分析［J］. 电网技术，2017，41（07）：2099-2106.

［5］ 阙波，李继红，汪楠楠，等. 基于桥臂阻尼的柔性直流故障快速恢复方案［J］. 电力系统自动化，2016，40（24）：85-91.

［6］ 尹寿垚，翟毅，吴昊，等. 基于柔性直流输电技术的分布式发电在城市电网中的应用［J］. 江苏电机工程，2013，32（04）：9-12.

［7］ 李晔. 柔性直流系统直流故障处理与交互影响研究［D］. 天津大学，2017.

［8］ 卢亮宇. 多端柔性直流输电拓扑及控制策略的研究［D］. 华北电力大学（北京），2017.

［9］ 史卓. 多端柔性直流系统运行及控制参数优化研究［D］. 华北电力大学（北京），2017.

［10］ 高强，董立，林烨，等. 多端柔性直流系统的运行状态分析［J］. 电力安全技术，2015，17（09）：21-26.

［11］ 闫文宁. 多端柔性交直流输电系统协调控制策略研究［D］. 山东大学，2016.

［12］ 张祥. 多端柔性直流输电系统的协调控制与优化运行研究［D］. 华南理工大学，2016.

［13］ 赵朗. 含柔性直流输电的交直流混合系统稳定性分析［D］. 华北电力大学（北京），2016.

［14］ 龙超. 含有直流潮流控制器的直流电网运行特性研究［D］. 东北电力大学，2016.

［15］ 谭嫣. 南澳柔性直流输电系统运行控制研究及应用［D］. 华南理工大学，2015.

［16］ 付媛. 基于柔性直流联网的风力发电系统的协调控制研究［D］. 华北电力大学，2014.

8 多端柔性直流输电系统直流故障快速恢复技术

对于多端柔性直流输电工程，当发生直流故障时，为了保证健全系统的正常运行，需要尽快选出并切除故障线路，随后健全系统快速恢复运行。

8.1 直流故障快速恢复对系统电网的影响

8.1.1 不同应用场合下直流故障对系统电网的影响

已投运的柔性直流输电工程由于采用半桥型子模块且直流侧隔离开关不具有电流分断能力，当发生直流线路故障后，柔性直流输电系统只能全部退出运行，故障恢复缓慢，对系统电网的稳定性产生影响。

下面根据不同的应用场合分析直流线路故障对系统电网的影响。

1. 柔性直流系统应用于异步电网互联

直流线路故障影响互联电网频率稳定性，由于故障后直流功率瞬时急剧下降，因此送端电网、受端电网的频率都会出现一定程度的波动。直流功率的快速恢复可平衡区域功率，减小频率偏差，增强频率稳定性。

图 8-1 为柔性直流系统应用于异步电网互联时直流线路故障下送端电网的频率曲线。两大区域电网通过柔性直流系统连接，直流故障前的输送功率为1500MW。在 0s 时刻，直流线路出现临时性故障，黑色曲线为直流故障后柔性直流系统未重启动时的频率偏差，最大偏差在 0.33Hz 左右，出现在故障后

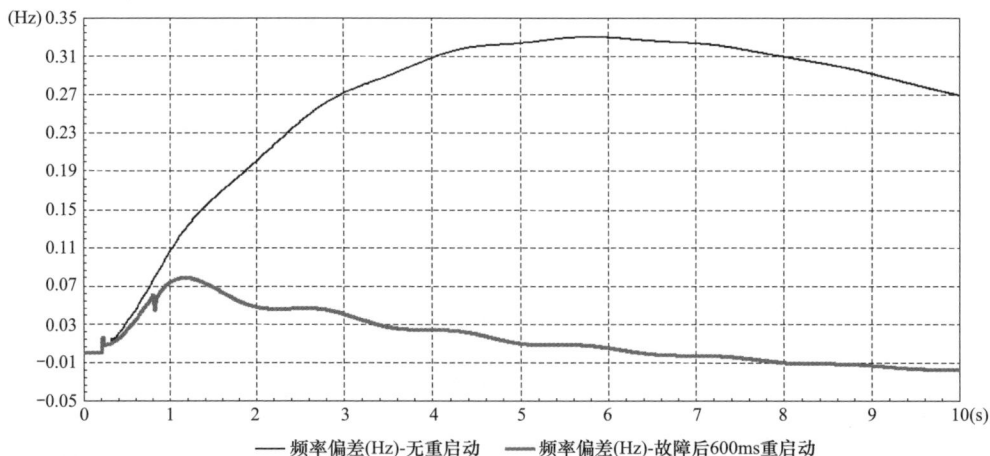

图 8-1 直流线路故障时频率偏差曲线

6s时刻；红色曲线为故障后600ms柔性直流系统重启动时的频率偏差。由图可见，若柔性直流输电系统在故障后短时间内重启动恢复输送功率，送端电网频率将很快恢复到故障前水平。

2. 柔性直流系统应用于城市电网

城市电网是城市现代化建设的重要基础设施之一，随着城市化进程的不断推进，城市负荷不仅持续快速增长，并且对供电可靠性以及电能质量的要求越来越高。当柔性直流系统应用于城市电网时，直流线路故障造成的潮流转移将引起电压跌落，影响供电质量。在直流功率转移到交流通道后，还会造成线路、变压器过载。

柔性直流系统的快速恢复系统可解决上述的故障后电压跌落、线路及主变压器过载问题，显著提高供电质量。柔性直流线路出现故障时，可在很短的时间内隔离故障线路，恢复非故障线路输电和换流器的正常运行。

3. 柔性直流系统应用于新能源并网、海岛电网等

在交直流混联的情况下，柔性直流线路故障后，潮流转移到交流通道上，在断面功率超过一定值后，将造成系统功角、电压失稳。在海岛电网仅通过柔性直流系统供电的情况下，柔性直流线路故障将直接导致海岛电网失电。

对于目前的电网来说，由于柔性直流输电功率相对较小，发生直流故障后，交流系统受到的扰动较小。然而，随着柔性直流输电功率的增大，柔性直流线路故障产生的问题会越来越突出。

总体来说，直流线路故障的快速恢复问题，将随着柔性直流的不断发展和应用变得日益迫切和重要。

8.1.2 直流故障快速恢复的时间要求及其影响

柔性直流输电系统具备快速恢复功能，对于接入电网无疑是非常有利的。对于快速恢复的时间要求，则需要在电网稳定性需求，与故障隔离、系统重启所需时间两者之间取得平衡。对于电网稳定性来说，一般情况下，柔性直流系统恢复的时间越快，电网感受到的功率波动越小，对电网的稳定性越有利；而对于柔性直流系统来说，线路故障电流的衰减和清除必须有一定的时间，为保证控制保护功能的可靠性，需要适当延长恢复时间。可以看到，这两者之间有一定的矛盾。柔性直流系统的快速恢复问题，实际上与交流线路的重合闸问题有相当的相似性。需要借鉴交流线路重合闸问题的研究成果，对柔性直流的快

速恢复时间要求及其影响进行理论分析。

由于柔性直流输电系统相比于传统直流输电以及交流电网的多重优越性，在多种电网条件中，如异步电网互联、城市电网、海岛电网、新能源并网、无源系统供电等具有广泛的应用前景。由于系统电网条件、柔性直流接入方式、柔性直流端数、直流线路的不同，系统电网对柔性直流快速恢复所提出的要求也不尽相同。

无论何种应用场景，柔性直流输电系统总是作为一个或者数个元件嵌入到交流电网中的，因此仍需要以交流电网的稳定性判断标准来衡量柔性直流快速恢复的时间要求以及影响。下面分别从暂态稳定（功角稳定）、电压稳定、频率稳定以及热稳定（过载）的角度，分析柔性直流输电系统快速恢复的时间要求及其影响。

1. 暂态稳定的时间要求及影响

在柔性直流输电系统与交流线路形成交直流混联输电系统的应用场景下，柔性直流输电系统发生故障时，潮流转移到交流线路上，容易引发暂态稳定破坏事故。柔性直流系统应用于解决交流电磁环网等问题时，就属于这种应用场景。

在这种应用场景下，柔性直流输电系统恢复越快，系统的减速面积越大，交流电网越不容易出现失步。如果恢复的时间超过临界值，则重合失去意义。在交流线路的重合闸研究中，提出过三相快速重合闸的方法，根据相关理论成果，当重合的时间在 $0.5s$ 时，由于两侧电动势差摆开不大，重合成功后系统不会失步。对于柔性直流系统来说，由于其容量相对较小，因此恢复的时间可以适当放宽，在 $0.5 \sim 0.6s$ 内是可以接受的。

需要指出的是，如同交流线路快速重合闸应尽量避免重合于永久性故障，柔性直流输电系统的快速恢复也应该注意此类情况。

2. 电压稳定的时间要求及影响

在柔性直流输电系统接入交流电网的负荷中心等应用场景下，柔性直流输电系统发生故障时，由于潮流转移、缺乏动态电压支撑等原因，容易引发电压稳定破坏事故。这种破坏事故大部分可归类于暂态电压稳定破坏。

电压稳定本质上是一种负荷稳定。在执行 DL 755《电力系统安全稳定导则》时，对于暂态电压稳定，一般采用电压低于 0.75p.u. 不得超过 $1s$ 的实用判据，等效模拟感应电动机的堵转等问题。最新的国家电网电力系统安全稳定计算规定虽然取消了该判据，规定电力系统受到扰动后的暂态过程中，负荷母线电压能够恢复到 0.8p.u. 以上；中长期过程中负荷母线电压能够保持或恢复到 0.9p.u. 以上。由于暂态电压跌落后的快速恢复有利于电网的稳定，从上述判据中可以看到，如果柔性直流系统的恢复时间在 1s 以内，则可以对电压稳定起到较好的作用。

3. 频率稳定的时间要求及影响

在柔性直流输电系统接入有源的孤立交流电网等应用场景下，柔性直流输电系统发生故障时，由于电功率和机械功率的不平衡，容易引起频率稳定破坏事故。

根据理论分析的结果，当功率缺失或者过程值占整个孤立电网的比例在 20% 时，频率的变化率在 1Hz/s 左右，如果柔性直流系统的快速恢复时间在 0.6s 内，则频率的变化在 0.5～0.6Hz 以内，即使考虑频率变化的惯性作用，也不易引起交流电网的第三道防线动作，对电网的影响在可以接受的范围内。

因此，对于柔性直流输电系统功率占受入电网比例 20% 以内的情况下，柔性直流系统的快速恢复时间在 0.6s 以内时，可以对电网的频率稳定起到较好的作用。如果上述比例较小，则时间可以进一步放宽。

4. 热稳定的时间要求及影响

与暂态稳定类似，在柔性直流输电系统与交流线路形成交直流混联输电系统的应用场景下，柔性直流输电系统发生故障时，潮流转移到交流线路上，容易引起交流元件（线路、变压器等）的过载问题。

由于交流元件都有一定的承受过载的能力，即使比较严重的过载情况下，允许时间一般也在 2s 以上，因此如果柔性直流系统的快速恢复时间在 2s 以内，即可以有效地解决因为直流本身故障引起的交流元件过载问题。

通过上述理论分析可以看出，如果柔性直流系统的快速恢复时间控制在 0.6s 以内，可以解决绝大部分的电网稳定性问题。针对具体的应用，在系统分析的基础上，柔性直流的快速恢复时间可以适当放宽。

8.1.3 舟山多端柔性直流快速恢复系统对电网的影响研究

下面以舟山五端柔性直流输电系统为例，分析快速恢复系统对系统电网的作用。在舟山五端柔性直流输电工程投入后，舟山电网为交直流混联电网，如图 8-2 所示。

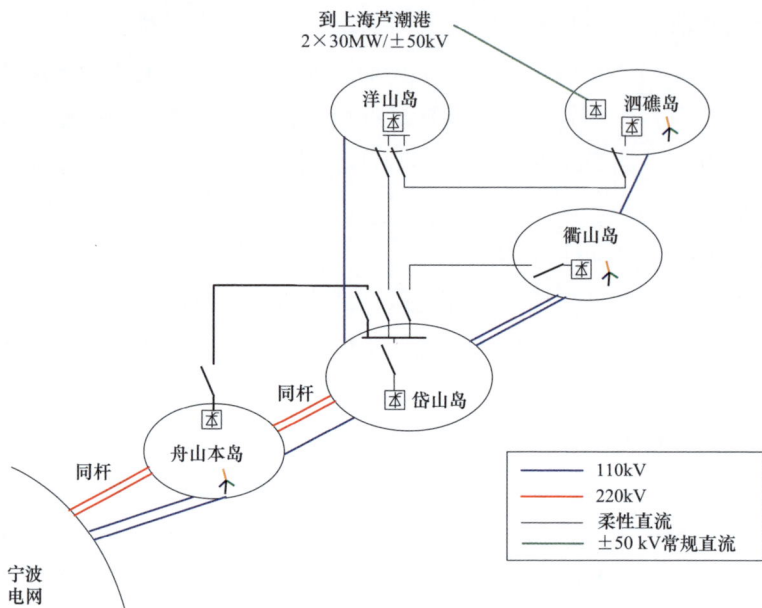

图 8-2 系统故障时频率偏差曲线

目前，舟山—岱山、岱山—衢山、岱山—洋山均为交直流混联断面（建设岱山—洋山 110kV 交流线路），且断面功率不大，因此直流系统故障情况下，即使出现五端同时闭锁，直流功率转移到交流线路，交流系统电压仅出现短时间波动，直流线路故障对交流系统的冲击并不大。

从上面的分析可以看出，由于各岛之间的交流联络线路输电能力较为充裕，因此对于直流重启动的时间限制是比较宽裕的。然而，随着舟山海岛负荷的不断增加，以及海岛风电场的不断新建和接入，海岛间联络线的断面功率将增加，则柔性直流线路故障对于交流系统的冲击将不断增大，对柔性直流线路故障的自清除、重启动能力的要求也将不断提高，交流系统允许的直流线路故障重启动时间将大幅缩短。

随着舟山负荷的增长，未来五端柔性直流可能出现满功率运行方式，此时岱山、衢山、嵊泗、洋山这四个岛屿的总负荷达到 400MW。在此种条件下，送端定海站的功率为 400MW，岱山站接收 199.6MW，衢山站接收 100MW，泗礁站接收 89.6MW，洋山站接收 10MW。

在这种方式下，比较以下两种情况下柔性直流线路故障对电网的影响：

故障一：五端同时闭锁，故障后不重启动。

故障二：五端同时闭锁，故障后 500ms 定海、岱山、洋山、嵊泗四端重启动恢复直流功率。

如图 8-3 所示，红色、黑色曲线分别代表故障后不重启动、故障后 500ms 重启动时衢山 35kV 交流母线电压，纵坐标单位为 p.u.。

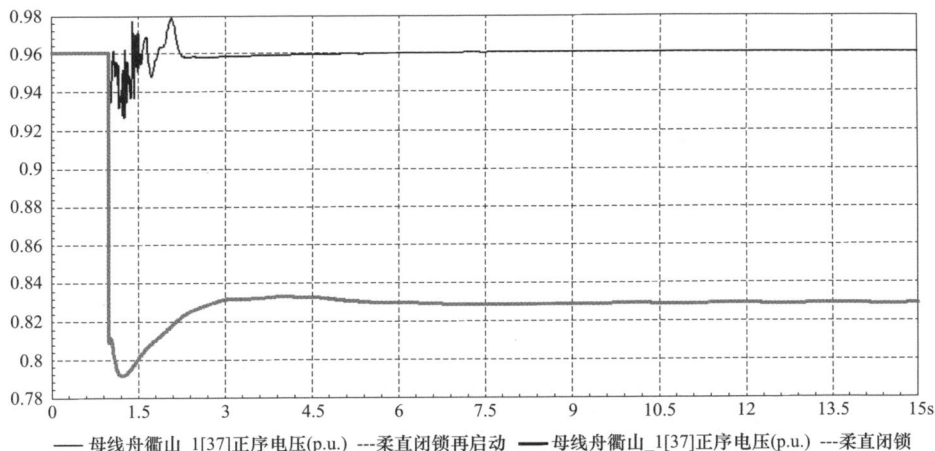

图 8-3　故障后衢山站 35kV 母线电压

从图 8-3 可见，五端直流同时闭锁故障导致衢山站 35kV 母线电压跌落到 0.83p.u. 左右；当故障后，柔性直流输电系统快速重启动（衢山站除外，故障后衢山站被隔离），衢山 35kV 母线电压很快恢复到故障前水平。

衢山岛的美达风电场的风电机组不具备低电压穿越能力，柔性直流闭锁后，35kV 的稳态电压低于 0.9p.u.，将导致风电机组脱网，进一步加重岱山—衢山的线路功率。同时，电源的失去将导致衢山岛的电压支撑能力进一步减弱。加装阻尼快速恢复系统和直流断路器后，衢山美达风电场可在整个故障和重启动过程中稳定运行。

图 8-4 为故障后蓬莱—衢山 110kV 线路有功功率。红色、黑色曲线分别为故障一、故障二的仿真结果，纵坐标单位为 MW。

由于柔性直流系统故障停运，衢山、嵊泗的潮流转移到蓬莱—衢山 110kV 交流线路上，若不重启动，该线路在故障后功率约为 105MW，已接近该线的热稳定极限 115MW。若故障后四端重启动，则该线路功率仅为 65MW。

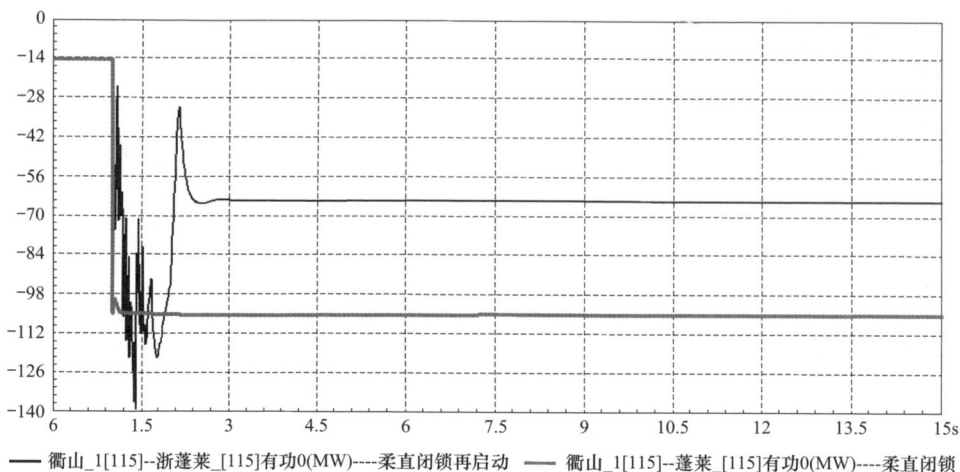

图 8-4　故障后蓬莱—衢山 110kV 交流线路有功功率

另外，在交流海缆停运的情况下，海岛仅通过柔性直流系统供电。多端柔性直流闭锁故障将直接导致海岛电网失电，而重启动可快速恢复非故障换流站，大大减小电网停电规模和范围。

8.2　直流故障定位

8.2.1　直流海缆故障选线技术

为了减少直流线路发生故障的概率，现有柔性直流输电工程的传输线路一般采用海缆电缆实现换流站的互联。当直流海缆发生故障时，均认为是永久性故障。对于直流海缆故障，由于距离较远，线路两侧的电气量差异及通信延时增加了故障判断的难度。因而，需要根据多端柔性直流系统及海缆的特点、故障特性研究合适的故障选线策略。

直流海缆故障可以分为双极短路故障和单极接地故障两种。对于双极短路故障，配置了直流欠压过流保护作为主保护；对于单极接地故障，配置了直流电压不平衡保护作为主保护。伪双极拓扑结构的柔性直流输电系统，在发生双极短路或单极接地故障时，故障初期非故障线路两端的故障电流为穿越性的，故障线路两端的电流为非穿越性的，根据初期故障电流的方向，就能够有效判断出故障的区域。

图 8-5 所示为基于舟山五端柔性直流仿真模型在定岱线发生故障时 4 条线路两端的电流波形，定岱线定海侧电流 S1Idp1 和定岱线岱山侧电流 S2Idp1 故障线路电流变化趋势--致，均指向故障点，因此是非穿越性的；其他线路两端的电流变化趋势相反，具有穿越性。

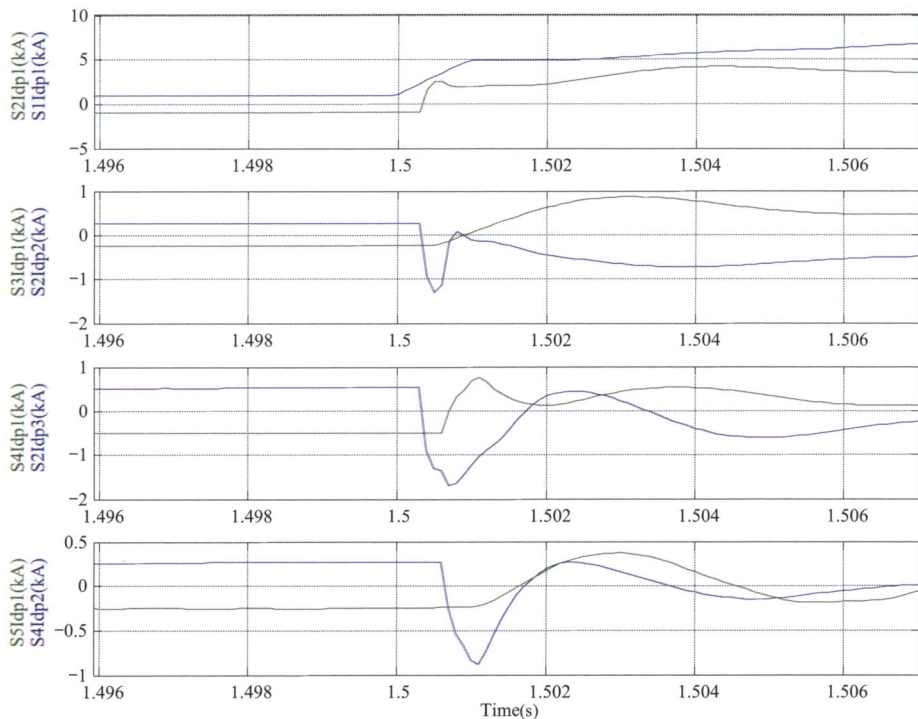

图 8-5　直流故障时电流特征

对于双极短路故障，可采用基于欠压过流的纵联方向的选线策略。当发生双极短路故障时，直流正负极电压瞬间降低、直流正负极电流增大，选取正极线路电流流出换流器方向、负极线路电流流入换流器方向为正方向。其原理图如图 8-6 所示。

图 8-6 中，U_{dp} 为正极电压，U_{dn} 为负极电压；I_{dp} 为正极线路电流，I_{dn} 为负极线路电流；$Max(I_{dp}, I_{dn})$ 为正负极电流的最大值；$K(I_{dp}, I_{dn})$ 为正负极电流故障初始阶段的电流上升率。当本站判断出现欠压过流故障，电流故障为正方向故障，且对站对应线路电流故障方向同样为正方向时，则认为该条线路故障。

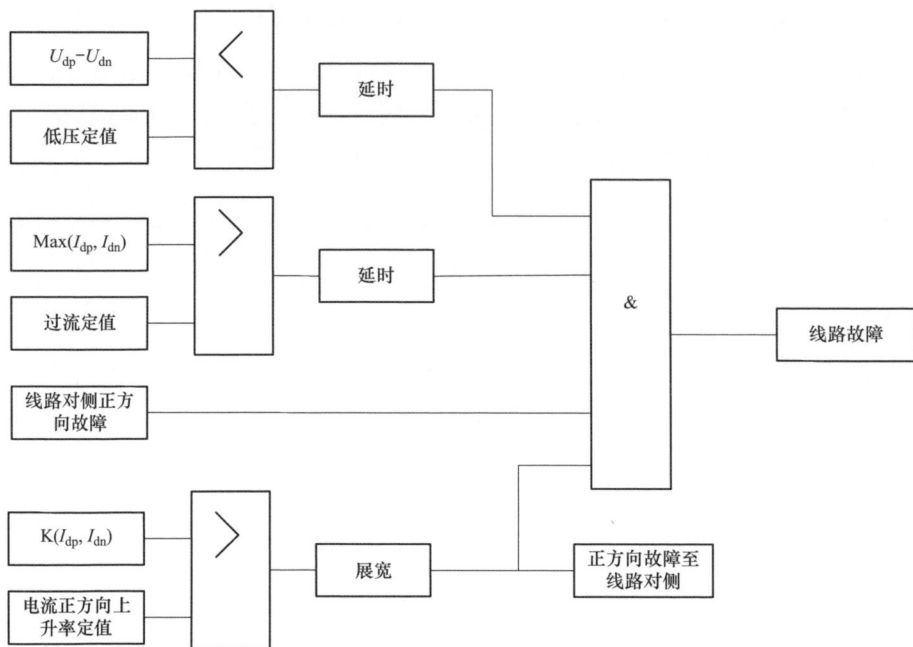

图 8-6 双极短路故障定位原理图

对于单极接地故障，可采用基于直流电压不平衡的纵联方向的选线策略，如图 8-7 所示。当发生单极接地故障时，故障极电压降低，非故障极电压升高，故障极电流瞬间增大，之后逐渐减小到 0。当本站判断出直流电压不平衡故障，且故障极电流为正方向时，则认为该条线路故障。

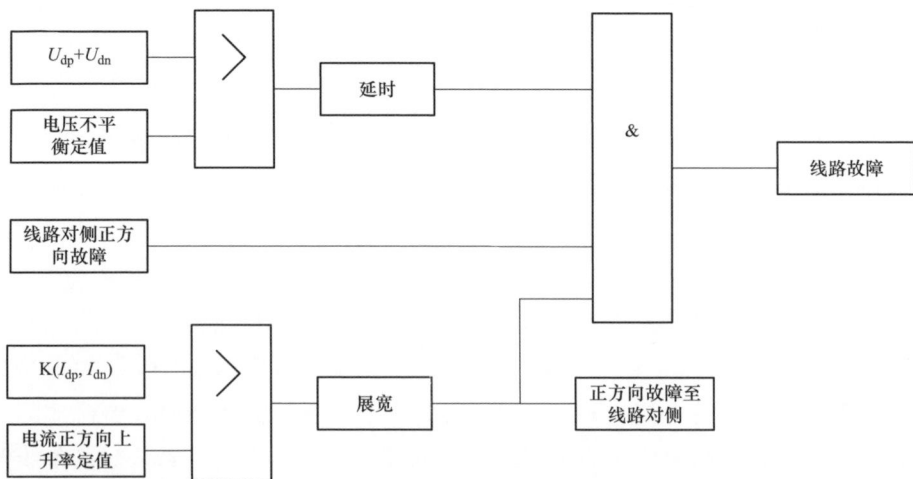

图 8-7 单极接地故障定位原理

对于伪双极拓扑，通常在阀出口处、直流母线处配置避雷器，对于单极接地故障的非故障极，容易出现阀出口处避雷器动作或者直流母线处避雷器动作的现象。避雷器动作后，也会产生非穿越性电流，对故障线路选择造成误判。因而需要考虑增加判据，即当直流电压大于一定值的时候，不再对线路电流进行方向判断。同时，对于多端柔性直流工程，存在其他保护，例如阀差动保护、直流母线差动保护等，而直流电压不平衡保护往往动作时间长于这两个保护，为了防止阀差动保护、直流母线差动保护由于避雷器动作导致误动，需要对这两个保护增加辅助电压判据。

上述直流线路故障的选线过程考虑的是站间通信均正常的情况。若出现单站检修，根据运行规范，该站站间通信中断，则与该站相连的故障选线策略需进行调整，即默认通信中断站的线路出现正方向故障，正常运行站可以切除该条线路。

8.2.2　架空线瞬时故障判断技术

在解决柔性直流的快速恢复问题后，有望将柔性直流扩展至架空线应用领域。架空线的故障选线技术与直流海缆相似，在此不再赘述。与直流海缆故障均为永久性故障不同，在雷击等原因时，架空线可能出现线路杆塔等的过电压击穿，发生瞬时性短路故障。在成功隔离故障并等待息弧完成后，直流线路的绝缘将重新恢复并可继续运行。因此为了提高柔性直流系统运行的可靠性，有必要首先对架空线是否为瞬时性故障进行判断。

架空线瞬时故障判断策略包含直接合交流开关策略和利用子模块残压主动检测策略两种实现方式。

（1）直接合交流开关策略：在故障检测成功并等待设定的息弧时间后，合上正负极开关后直接重合交流开关，如直流保护动作则为永久性故障，取消后续的快速恢复过程；如直流保护未动作则为瞬时性故障，继续后续的快速恢复过程。

该策略简单且速度快，但重合于故障时可能对换流阀带来二次冲击过程。

（2）利用子模块残压主动检测策略：在进线开关跳开的情况下，解锁换流阀的一相或多相，并通过逐渐增加相单元导通模块个数的方式逐渐提高电压至直流线路充电，如直流电压出现偏置或直流电流超过设定值则为永久性故障，取消后续的快速恢复过程；如直流电压大于耐压定值且超过设定时间则为瞬时性故障，继续后续的快速恢复过程。

利用子模块残压主动检测策略的流程如图 8-8 所示。

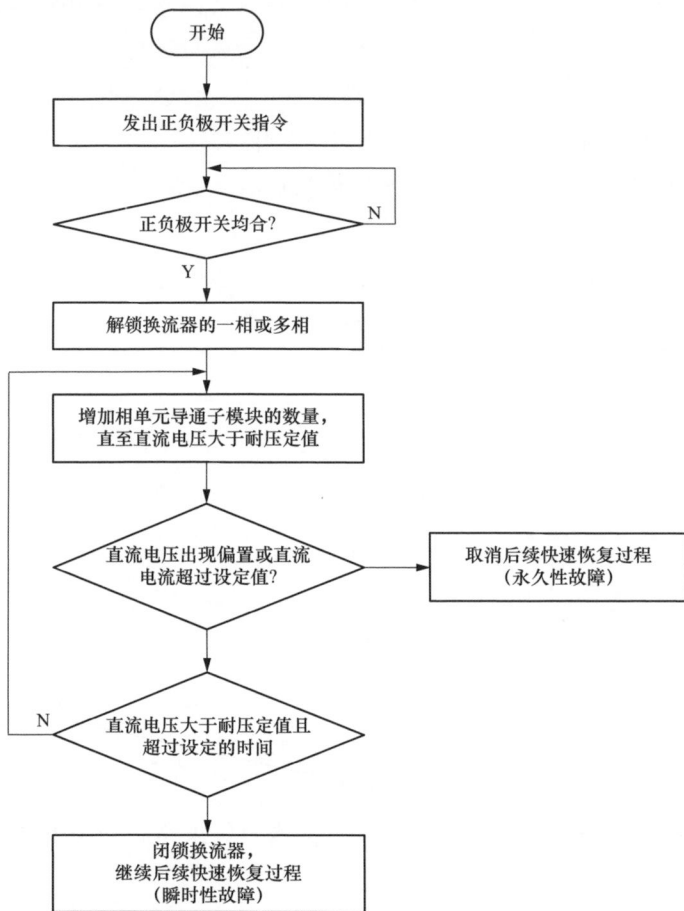

```
                    ┌──────────┐
                    │   开始    │
                    └────┬─────┘
                         │
            ┌────────────┴────────────┐
            │   发出正负极开关指令       │
            └────────────┬────────────┘
                         │ ◄──────────────┐
                    ╱────┴────╲           │
                   ╱  正负极开关 ╲   N      │
                  ╲    均合?     ╱─────────┘
                   ╲───┬───────╱
                       │ Y
            ┌──────────┴──────────┐
            │  解锁换流器的一相或多相  │
            └──────────┬──────────┘
                       │ ◄───────────────┐
            ┌──────────┴──────────┐      │
            │ 增加相单元导通子模块的数量,│      │
            │  直至直流电压大于耐压定值  │      │
            └──────────┬──────────┘      │
                       │                 │
               ╱───────┴───────╲          │      ┌──────────────────┐
              ╱  直流电压出现偏置 ╲    Y    │      │  取消后续快速恢复过程  │
             ╲  或直流电流超过设定值?╱───────┼─────►│   (永久性故障)      │
              ╲───────┬───────╱          │      └──────────────────┘
                      │ N                │
              ╱───────┴───────╲    N      │
             ╱  直流电压大于耐压  ╲─────────┘
             ╲ 定值且超过设定的时间 ╱
              ╲───────┬───────╱
                      │
            ┌─────────┴─────────┐
            │    闭锁换流器,       │
            │  继续后续快速恢复过程   │
            │   (瞬时性故障)       │
            └───────────────────┘
```

图 8-8　利用子模块残压主动检测策略流程图

8.3　直流故障隔离

在直流线路故障发生时，保护动作后立刻发出闭锁换流阀指令，此时换流阀中的半桥子模块和阻尼模块均闭锁并开始通过投入阻尼抑制故障电流。对于加装直流断路器的换流站（舟定换流站），在发出闭锁换流阀指令的同时还发出跳开直流断路器以及交流开关指令，通过直流断路器直接分断故障电流。对于加装谐振型直流开关的换流站（舟岱、舟衢、舟洋、舟泗换流站），在发出闭锁换流阀指令的同时发出跳开交流开关指令。交流开关跳开后，交流电源向故障点注流回路被切断，此时只存在包含阻尼模块电阻的桥臂电抗、平波电抗等电抗器续流回路，由于阻尼模块电阻的作用，续流回路中的电流将迅速衰减。当续流回路中的电流衰减至谐振型直流开关的开断能力时，发出断开谐振型直流开关命令，最终实现直流故障的隔离。

直流故障隔离策略的流程如图 8-9 所示。

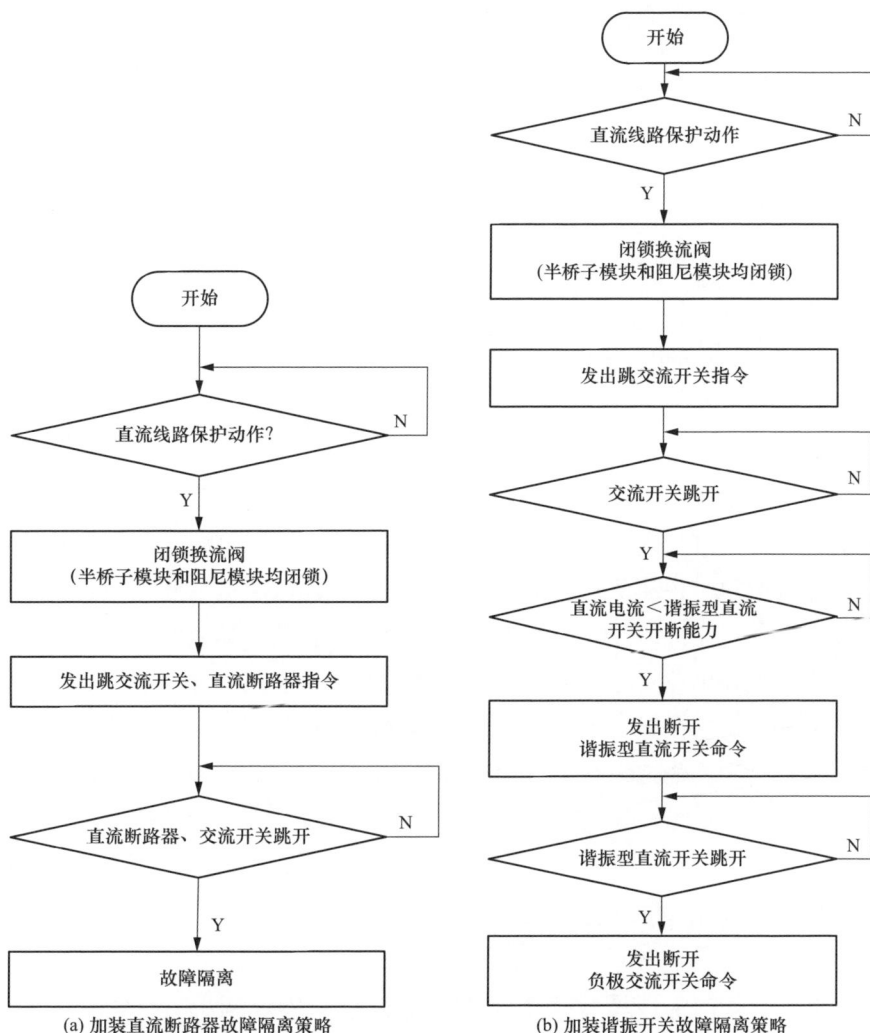

(a) 加装直流断路器故障隔离策略　　　　(b) 加装谐振开关故障隔离策略

图 8-9　直流故障隔离策略流程图

8.4 系统重启动

在直流线路故障成功隔离后，健全系统将进入重启动阶段。由于柔性直流输电系统的特点是需要直流电压控制站来平衡直流网络的功率，因此优先解锁定直流电压控制站维持直流电压稳定，经过适当的延时后分别解锁功率控制站并恢复功率传输。各功率控制站的解锁时间可根据系统分析结果确定。

系统重启动策略的流程如图 8-10 所示。

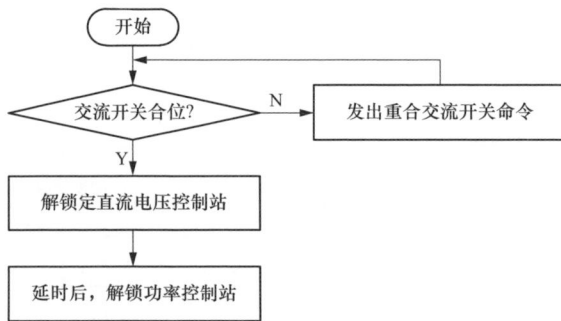

图 8-10　系统重启动策略流程图

重启动策略宜采用主从控制方式，由选定的换流站作为主站控制所有健全换流站的重启动过程，其余换流站作为从站接收主站的命令，主站与各从站间通过站间通信并对各从站进行协调控制。直流线路故障成功隔离后，主站首先向系统中的定直流电压控制站发出解锁命令，定直流电压控制站以额定电压作为指令值解锁并迅速建立直流电压。定直流电压控制站解锁完成后立即向定功率控制站发出解锁命令，各定功率控制站接收到解锁命令后以 0 功率指令解锁换流器，并以最快的速率将指令值升降至直流故障前的功率指令值，恢复故障前的功率。

8.5 直流故障快速恢复时序

8.5.1 直流海缆柔性直流系统快速恢复时序控制

对于采用直流海缆的多端柔性直流系统，由于直流故障多为永久性故障，因此直流故障发生时直接将故障的直流线路切除后健全系统可恢复运行，大大提高多端柔性直流系统的可靠性。舟山五端柔性直流输电工程的快速恢复时序如图 8-11 所示，包括如下步骤：

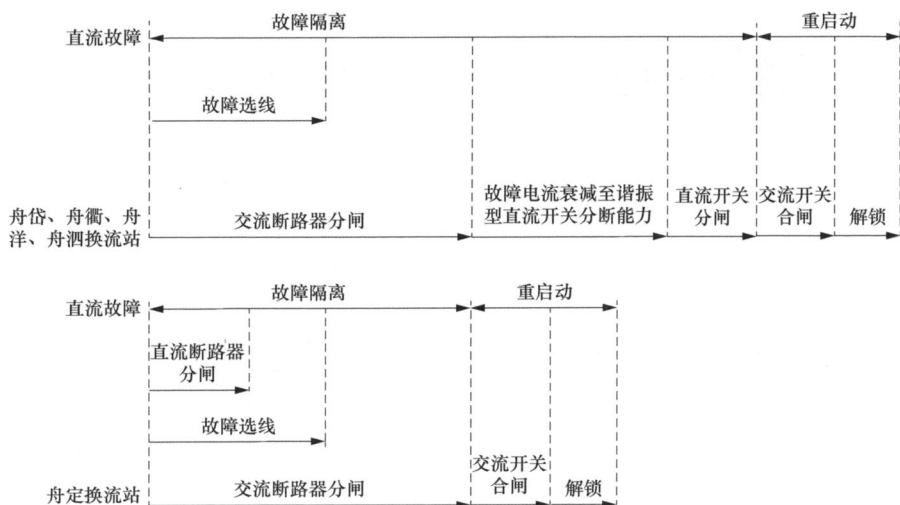

图 8-11　舟山五端柔性直流输电工程的快速恢复时序图

（1）故障选线、隔离：直流线路故障发生后，五站均闭锁换流阀、投入桥臂阻尼，并根据故障选线策略选择发生故障的线路；与此同时，舟定站发出分断直流断路器和交流断路器的指令，剩余四个换流站发出分断交流断路器指令，等待直流电流衰减至谐振型直流开关分断能力时，跳开故障线路两侧的谐振型直流开关，并在谐振型直流开关跳开后立刻进行重启动。

（2）重启动：重合交流开关后，优先解锁定直流电压控制站，经过适当的延时后解锁功率控制站。

根据上述直流故障快速恢复策略，以舟山五端柔性直流系统运行，岱衢直流线路正极单极接地为例，分析直流故障发生时系统的恢复时序，各站波形见图 8-12。

图 8-12 中 QF6_CLOSE_IND 为阀侧交流开关合位；WPGQF4_CLOSE_IND、WPGQF5_CLOSE_IND 分别为直流正负极开关合位，定海站代表直流断路器合位；FAST_REC_ING 为故障恢复信号，DEBLOCK 为解锁信号。

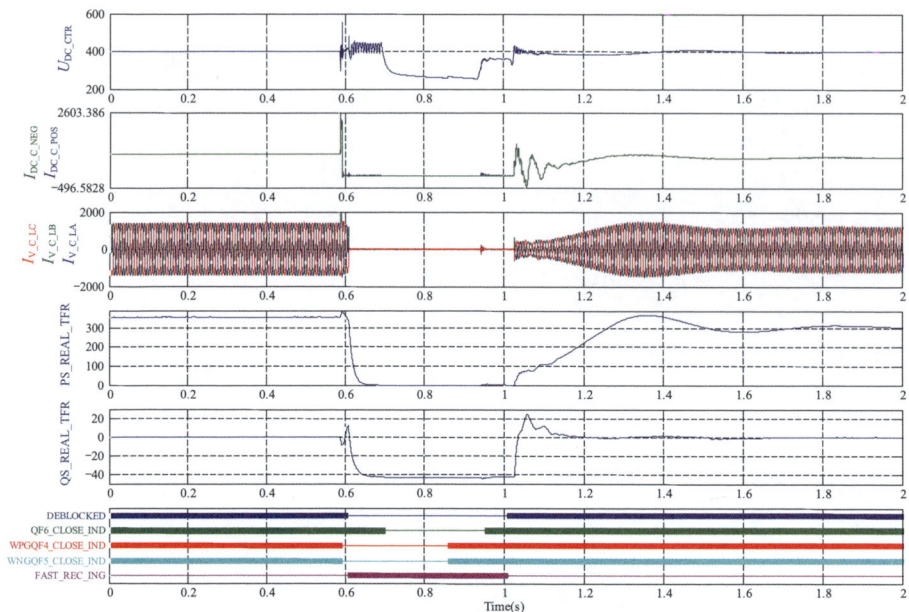

(a) 岱衢线正极接地，舟定站恢复波形

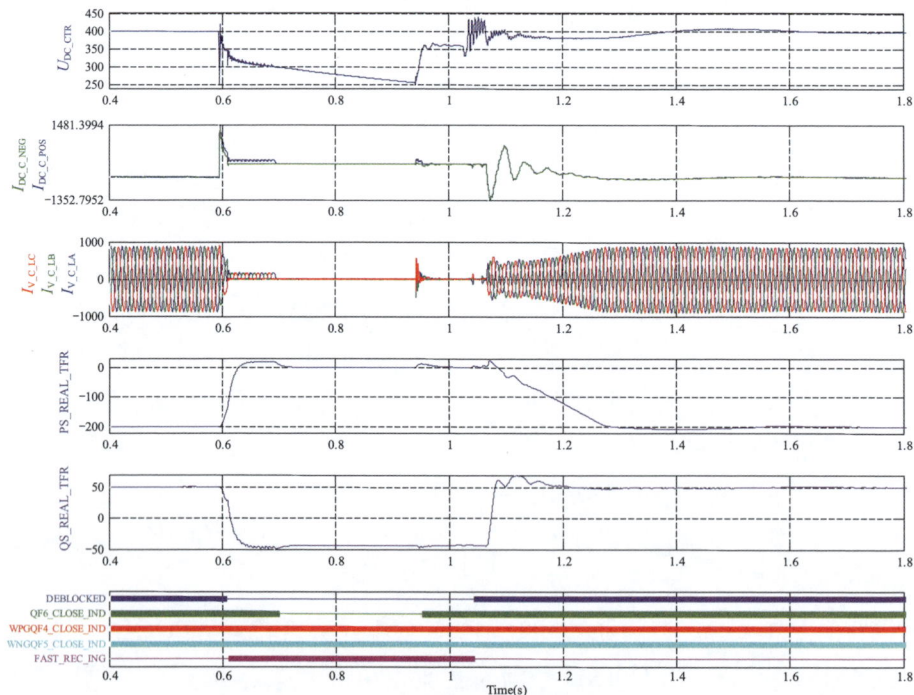

(b) 岱衢线正极接地，舟岱站恢复波形

图 8-12　舟山五端柔性直流运行，岱衢直流线路正极接地快速恢复波形（一）

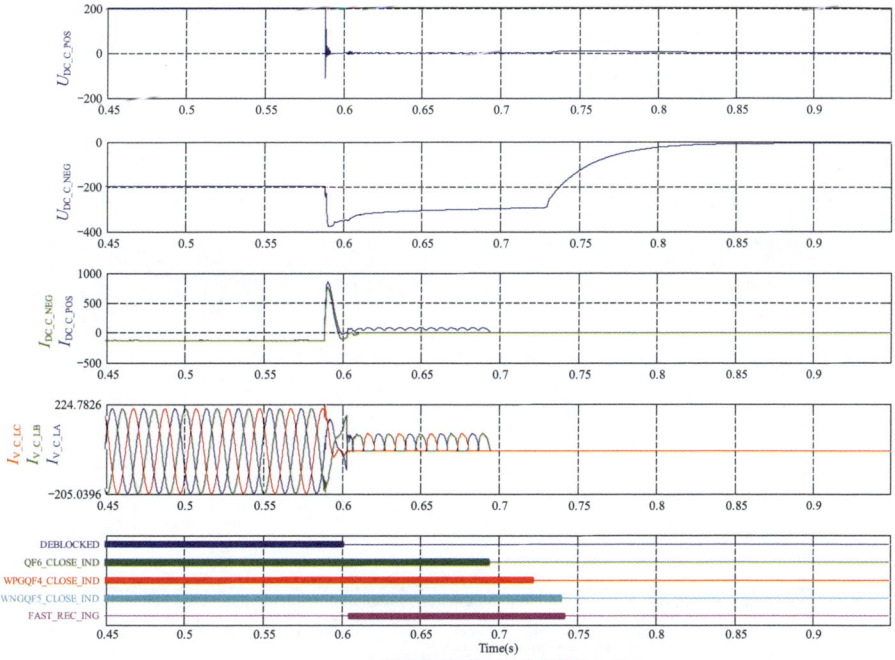

(c) 岱衢线正极接地，舟衢站恢复波形

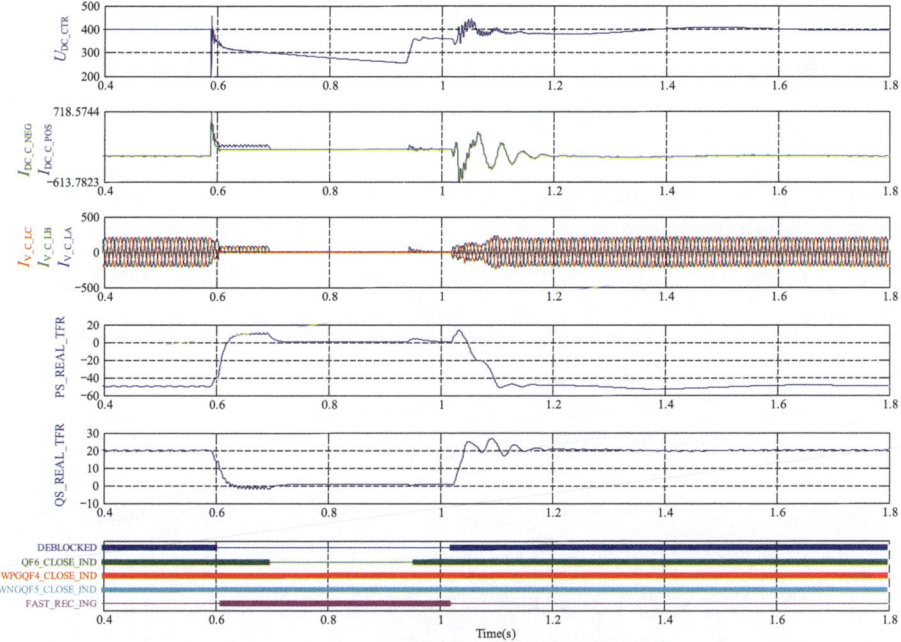

(d) 岱衢线正极接地，舟洋站恢复波形

图 8-12　舟山五端柔性直流运行，岱衢直流线路正极接地快速恢复波形（二）

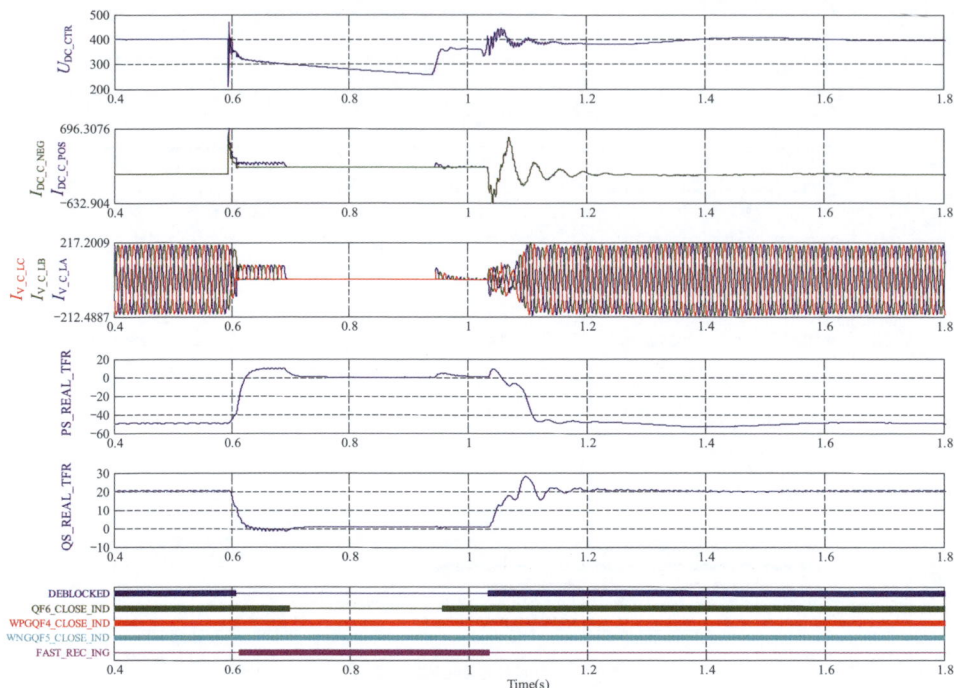

(e) 岱衢线正极接地，舟泗站恢复波形

图 8-12　舟山五端柔性直流运行，岱衢直流线路正极接地快速恢复波形（三）

如图 8-12 所示，岱衢直流线路发生正极接地后，控保系统检测出故障，五站闭锁，阻尼投入，跳交流开关，定海站直流断路器跳开，直流故障电流快速下降，达到谐振型直流开关分断电流能力，拉开岱衢线两侧谐振型直流开关，隔离故障线路。故障快速隔离后，各正常站重合交流开关，定直流电压控制站解锁重新运行，功率控制站解锁恢复原功率水平，实现直流故障快速恢复。

8.5.2　架空线柔性直流系统快速恢复时序控制

对于架空线应用，由于雷击等原因出现瞬时性故障的概率较高，快速恢复过程需要对架空线的故障类型进行判断以确定重启时序。

当采用直接合交流开关的策略判断架空线瞬时故障时，快速恢复时序如图 8-13 所示，包括如下步骤：

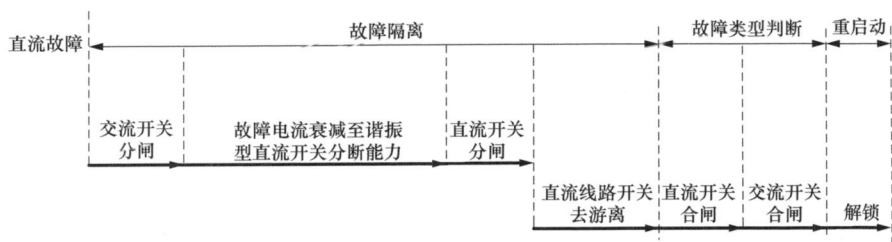

图 8-13　故障判断策略采用直接合交流开关策略的快速恢复时序图

（1）故障隔离：直流故障发生后闭锁换流器并跳开交流开关，等待直流电流衰减至谐振型直流开关分断能力时，跳开谐振型直流开关，并在谐振型直流开关跳开后等待去游离时间后进行故障类型判断。

（2）故障类型判断：直接重合交流开关。

（3）重启动：优先解锁定直流电压控制站，经过适当的延时后解锁功率控制站。

上述步骤（2）和步骤（3）中，如果任何保护动作，则立即停止快速恢复过程并永久停运系统。

参考文献

［1］　吴羚敏，陈达. 柔性直流配电网直流线路故障定位综述［J］. 电气开关，2018，56（05）：1-5＋10.

［2］　董云龙，胡兆庆，田杰，等. 多端柔性直流控制保护系统架构和策略［J］. 南方能源建设，2016，3（02）：21-26.

［3］　钟通运. MMC-HVDC 线路行波故障定位研究［D］. 昆明理工大学，2018.

［4］　张明，和敬涵，罗国敏，等. 基于本地信息的多端柔性直流电网故障定位方法［J］. 电力自动化设备，2018，38（03）：155-161.

［5］　袁森. 强直流扰动冲击下弱送端电网安全稳定特性及防控研究［D］. 华北电力大学，2018.

［6］　李明. 柔直不同控制模式对某电网异步联网后电网运行的影响［D］. 华北电力大学，2018.

［7］　李玲芳，蔡葆锐，陈义宣. 直流闭锁故障对云南异步联网频率稳定影响研究［J］. 云南电力技术，2017，45（04）：118-120.

［8］　张明，和敬涵，张义志，等. 多端柔性直流电网的故障定位方法［J］. 电力建设，2017，38（08）：24-32.

[9] 戴志辉，葛红波，Peter Crossley，等. 柔性直流配电网故障识别与隔离策略综述 [J]. 华北电力大学学报（自然科学版），2017，44（04）：19-28.

[10] 董云龙，凌卫家，田杰，等. 舟山多端柔性直流输电控制保护系统 [J]. 电力自动化设备，2016，36（07）：169-175.

[11] 刘高任. 基于模块化多电平换流器的柔性直流电网故障保护策略研究 [D]. 浙江大学，2017.

[12] 李世波. 基于 MMC 的直流电网故障分析与保护策略研究 [D]. 华南理工大学，2017.

[13] 王帅. 模块化多电平柔性直流输电线路故障快速检测方法研究 [D]. 华北电力大学（北京），2017.

[14] 李晔. 柔性直流系统直流故障处理与交互影响研究 [D]. 天津大学，2017.

[15] 康胜阳. 基于 MMC 的高压直流输电系统保护方法研究 [D]. 华北电力大学（北京），2017.

[16] 孙晓云，高鑫，刘延华. 柔性直流输电换流器故障特性分析及诊断研究 [J]. 电力系统保护与控制，2017，45（02）：75-84.

[17] 胡兆庆，董云龙，李钢，等. 城市多端柔性直流控制保护系统以及仿真研究 [J]. 供用电，2016，33（08）：57-63＋44.

[18] 杨欢欢. 高压直流输电系统对受端电网暂态电压稳定影响的评估方法 [D]. 华南理工大学，2016.

[19] 熊乐. 柔性直流配电网建模与直流线路故障隔离测距 [D]. 华南理工大学，2016.

[20] 程改红. 交直流电力系统恢复控制策略研究 [D]. 浙江大学，2006.

[21] 刘黎，俞兴伟，乔敏. 直流断路器及阻尼快速恢复系统在舟山多端柔性直流输电工程中的应用 [J]. 浙江电力，2018，37（09）：8-13.

[22] 司志磊，陆翌，韩坤，等. 基于桥臂阻尼阀组的模块化多电平换流器故障快速清除与系统恢复技术 [J]. 电力自动化设备，2018，38（04）：60-67＋74.

[23] 王柯，李继红，田杰，等. 多端柔性直流故障快速恢复系统控制策略 [J]. 供用电，2017，34（08）：2-7＋22.

9 多端柔性直流输电故障快速恢复系统的试验技术

舟山多端柔性直流输电工程加装的直流断路器和阻尼快速恢复系统应用于高压、大容量柔性直流输电系统中，为确保现场设备运行的安全稳定，必须针对一、二次设备开展详尽的试验。

9.1　阻尼快速恢复系统的试验

9.1.1　阻尼模块试验

1. 阻尼模块例行试验

阻尼模块例行试验的目的是确保阻尼模块中所用的所有部件和电子设备已按照设计正确安装；阻尼模块预期的功能和预定的参数都处在规定的验收范围内；阻尼模块具有所要求的相容性和一致性。

阻尼模块的例行试验包括：

（1）外观检查：检查阻尼模块的外观和部件安装是否正确、完好无损。

（2）连接检验：检查阻尼模块主要的载流接线是否正确。

（3）压力检查：检查阻尼模块全部冷却管路是否有阻塞、泄漏或渗水现象。

（4）辅助设备检验：检查每一阻尼模块的每一个 IGBT 级的辅助设备以及阻尼模块的辅助设备功能是否正常。

（5）触发监视以及"信号返回"功能的检验：检查模块的反馈信号是否正确。

（6）开通关断试验：验证每级 IGBT 元件触发关断信号功能的正确性。

（7）最小直流电压试验：验证阻尼模块中从隔壁功率模块直流电容取能的板卡性能。

（8）最大连续运行负荷试验：检验阻尼模块中功率器件在最大运行负载时的电压、电流耐受能力。

（9）最大暂时过负荷运行试验：检验阻尼模块的最大暂时过负荷运行能力。

（10）电磁兼容试验：通过在最大连续运行负荷试验、最大暂时过负荷运行试验等试验中监测阻尼模块的工作状态来验证阻尼模块的电子电路板卡应正常工作，阻尼模块无功率器件的误触发现象，阻尼模块对上通信应正常，无数据丢失、报文错误等现象。

2. 阻尼模块型式试验

阻尼模块的运行试验采用图 9-1 所示试验回路进行。采用两只柔性直流子模块组成背靠背运行试验回路，阻尼模块串联在负载电流回路中。

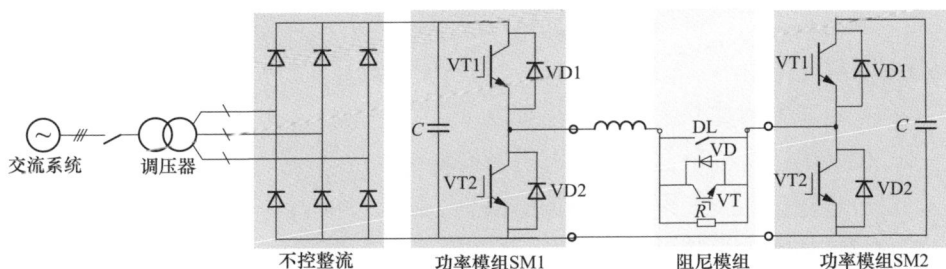

图 9-1　阻尼模块运行试验回路

（1）最大持续运行负荷试验。

试验目的：检验阻尼模块中功率器件及其相关的电路，在运行状态中最严重的重复作用条件下通态、开通和关断状态时，对于电流、电压和温度的作用是否合适。

试验方法：连接阻尼模块水路，调节水冷参数，控制阻尼模块工作在设定的最大连续负载电流条件下，直到热稳定，检查阻尼模块的电压、电流应力。

试验判据：阻尼模块在试验期间应正常工作，无异常反馈信号。

（2）最大暂时过负荷运行试验。

试验目的：考察阻尼模块的最大暂时过负荷运行能力。

试验方法：在阻尼模块最大持续运行负荷试验之后，控制阻尼模块工作于最大暂时过负荷运行电流条件下，在规定的试验持续时间之后，控制阻尼模块重新运行于最大持续运行负荷，保持 10min。

试验判据：阻尼模块在试验期间应正常工作，无异常反馈信号。

（3）故障试验。

试验目的：检验模组发生故障时，模组是否可以迅速闭锁并旁路。

试验方法：启动试验系统运行于最大持续运行负荷至水冷系统出水温度稳定，模拟阻尼模组故障，检查阻尼模组是否闭锁并旁路。

试验判据：阻尼模块在试验期间应正常工作，故障后正常闭锁并旁路，无异常反馈信号。

（4）短路试验。

试验目的：在特定短路条件的电流应力下，检测阻尼模组是否迅速闭锁，阻尼电阻迅速投入。

试验方法：启动试验系统运行于最大持续运行负荷至水冷系统出水温度稳定，注入短路电流流经阻尼模块，控制保护系统检测到过流后，投入阻尼电阻。

试验判据：阻尼模块在试验期间应正常工作，过流后正常投入阻尼电阻，无异常反馈信号。

（5）电磁兼容试验。

试验目的：检验阻尼模块的电磁兼容特性。

试验方法：在最大连续运行负荷试验、最大暂时过负荷运行试验等试验中监测阻尼模块的工作状态。

试验判据：阻尼模块的电子电路板卡应正常工作，阻尼模块无功率器件的误触发现象，阻尼模块对上通信应正常，无数据丢失、报文错误等现象。

9.1.2　谐振型直流开关试验

1. 谐振型直流开关例行试验

谐振型直流开关的例行试验包括：

（1）设计和外观检查：检查谐振开关的设计是否正确；外观和部件安装是否正确、完好无损。

（2）操作冲击电压试验：检查端子和地之间、断口间的耐受电压能力。

（3）主回路电阻的测量：检查温升前后每极端子间的电压降或电阻相差不超过 20%。

（4）密封试验：检查整膜绝对漏气率不超过允许漏气率的规定值。

（5）周围空气温度下的机械操作试验：在允许的控制电压、工作气压的各种极端情况下应能正确可靠地分合各 50 次。

（6）辅助和控制回路试验：检查辅助和控制回路以及验证电路图和接线图的一致性；对所有低压回路进行功能试验验证正确性；对直接触及主回路的保护和易于接触的辅助和控制设备的安全触及性进行外观检查；对辅助和控制回路进行 2kV/min 工频耐压试验。

2. 谐振型直流开关型式试验

（1）雷电冲击电压试验。

试验目的：验证谐振型直流开关端间的雷电冲击绝缘水平。

试验方法：谐振型直流开关处于合闸位置时，在端子和地之间施加对地雷电冲击耐受电压；谐振型直流开关处于分闸位置时，应施加断口间耐受电压。在一个端子施加端口间雷电冲击耐受电压，另一个端子施加一个极性相反的电压，电压大小等于完成电流开断后开断装置断口间出现的最大设计恢复电压。

也可使用一个等效同步交流电压代替。

试验按照 GB/T 16927.1《高电压试验技术　第 1 部分：一般定义及试验要求》用标准雷电冲击波 1.2/50μs 在两种极性的电压下进行。

试验判据：谐振型直流开关端间能够耐受雷电冲击试验电压，不发生闪络或击穿；谐振型直流开关不发生误动作，无器件损坏。

（2）直流电压耐受试验（湿态）。

试验目的：验证谐振型直流开关对地直流电压耐受水平。

试验方法：试验时谐振型直流开关处于合闸状态，试验电压加在端子与地之间，持续时间 60min。

试验判据：谐振型直流开关对地能够耐受直流试验电压，不发生闪络或击穿；谐振型直流开关不发生误动作，无器件损坏。

（3）短时耐受电流和峰值耐受电流试验。

试验目的：验证谐振型直流开关承载短时耐受电流和峰值耐受电流的能力。

试验方法：试验电流的交流分量原则上应该等于开关设备和控制设备的额定短时耐受电流的交流分量，峰值电流应该不小于额定峰值耐受电流，未经制造厂同意不应该超过该值的 5%。试验电流施加的时间原则上应该等于额定短路持续时间。

试验判据：所有开关设备和控制设备应能承载其额定峰值耐受电流及其额定短时耐受电流，不得引起任何部件的机械损伤或触头分离。试验后，开关设备和控制设备不应该有明显的损坏，应该能正常操作，连续地承载其额定电流而不超过规定的温升限值，并在绝缘试验时能耐受规定的电压。

（4）端子静负载试验。

试验目的：验证在冰、风及连接导体同时作用下谐振型直流开关能正确地操作。

试验方法：首先以水平力 F_{shA} 施加于端子的纵向轴，再以水平力 F_{shB} 相继施加于与端子纵向轴成 90°的两个方向上，然后以垂直力 F_{sv} 相继施加于两个方向上。对于每一组规定的端子的五个负载试验应进行两个操作循环。

试验判据：施加机械负载时，如果谐振型直流开关操作正常，则认为满足试验要求。如果经过一系列试验后触头行程、分闸和合闸时间和试验前记录的数据没有明显变化，则认为满足该要求。

（5）谐振型直流开关的电流开断试验。

试验目的：检验谐振型直流开关是否具备开断规定的直流电流的能力，并且检验开断装置是否能够耐受断口间出现的恢复电压上升率（RRRV）。

试验方法：试验回路应能等效该类型谐振型直流开关的实际运行条件。电流开断试验至少应包括以下 4 次连续开断：

1）开断额定开断电流 50% 水平 1 次；

2）开断额定开断电流水平 3 次。

试验判据：若其中 1 次未成功开断，则应重复上述试验，若连续 4 次开断成功，则视为通过该项型式试验。否则，视为未通过试验。

（6）谐振型直流开关各分设备的试验。

试验目的：验证谐振型直流开关中各设备是否满足标准和规范要求。

试验方法：针对开断装置、谐振电容器、避雷器进行相应的型式试验。

试验判据：谐振型直流开关中各设备的型式试验项目均满足相应标准和规范要求。

9.2 直流断路器的试验

高压直流断路器试验的主要目的是验证直流断路器设计的合理性，同时发现材料和结构中的缺陷，最终确保直流断路器结构可靠，性能满足要求。

9.2.1 直流断路器例行试验

直流断路器例行试验项目主要包括快速机械开关例行试验、主支路/转移支路电力电子模块例行试验。

1. 快速机械开关例行试验

在电力系统中，开关电器要受到各种电压的作用，快速机械开关例行试验的目的是确保产品能够耐受各种工况下的电压，开关电器具有足够的绝缘强度，能确保安全可靠的运行。快速机械开关例行试验包括：

（1）端间直流电压耐受试验：验证快速机械开关组件的额定值和性能，要求快速机械开关组件全形态进行试验。

（2）最大连续运行及过负荷电流试验：验证快速机械开关的最大运行电流是否满足设计要求。

（3）单断口主回路电阻测量：验证开关产品电接触的装配程度及对比温升试验后单断口主回路电阻值的变化情况。

（4）密封试验：验证绝对漏气率不超过允许漏气率的规定值，一般只允许以累积漏气量的测量来计算漏气率。

（5）机械操作试验：验证快速机械开关的机械特性。

（6）一致性试验：对快分（保护分闸）过程中快速机械开关各断口之间的一致性进行验证。

2. 主支路/转移支路电力电子模块例行试验

（1）外观检查：确保电力电子模块材料和组件外观完好，安装正确。试验对象包括主支路/转移支路电力电子模块，以及主支路/转移支路多个电力电子模块构成的阀段。

（2）连接检查：确保电力电子模块的电气连接、光纤连接、机械连接、水管接头等正确无误，连接力矩满足工艺要求。试验对象包括主支路/转移支路电力电子模块，以及主支路/转移支路多个电力电子模块构成的阀段。

（3）接触电阻测量：确保主支路电力电子模块接触电阻满足工艺要求。试验对象包括主支路/转移支路电力电子模块，以及主支路/转移支路多个电力电子模块构成的阀段。

（4）均压电路抽样检验：确保电压在串联连接的 IGBT 元件上的正确分布。

（5）通信与控制功能试验：保证电力电子模块中的 IGBT、二极管、中控、驱动等设备功能完备，接线正确，满足直流断路器设计要求。

（6）耐压测试：检查 IGBT 级能否耐受对应于主支路/转移支路电力电子模块整体所规定的最高电压的电压水平。试验对象为主支路/转移支路多个电力电子模块构成的阀段。

（7）电流耐受试验：验证电力电子模块的电流耐受和开断能力。试验对象为主支路/转移支路电力电子模块。

（8）抗电磁干扰试验：验证电力电子模块抵抗电磁干扰（电磁扰动）的能力。试验对象包括主支路/转移支路电力电子模块，以及主支路/转移支路多个电力电子模块构成的阀段。

9.2.2　直流断路器运行试验

图 9-2 所示为直流断路器运行试验回路，可完成主支路最大连续运行负荷试验、最大暂时过负荷运行试验、主支路短时间耐受试验、转移支路短时电流耐受试验、小电流开断试验、额定电流开断试验等试验。

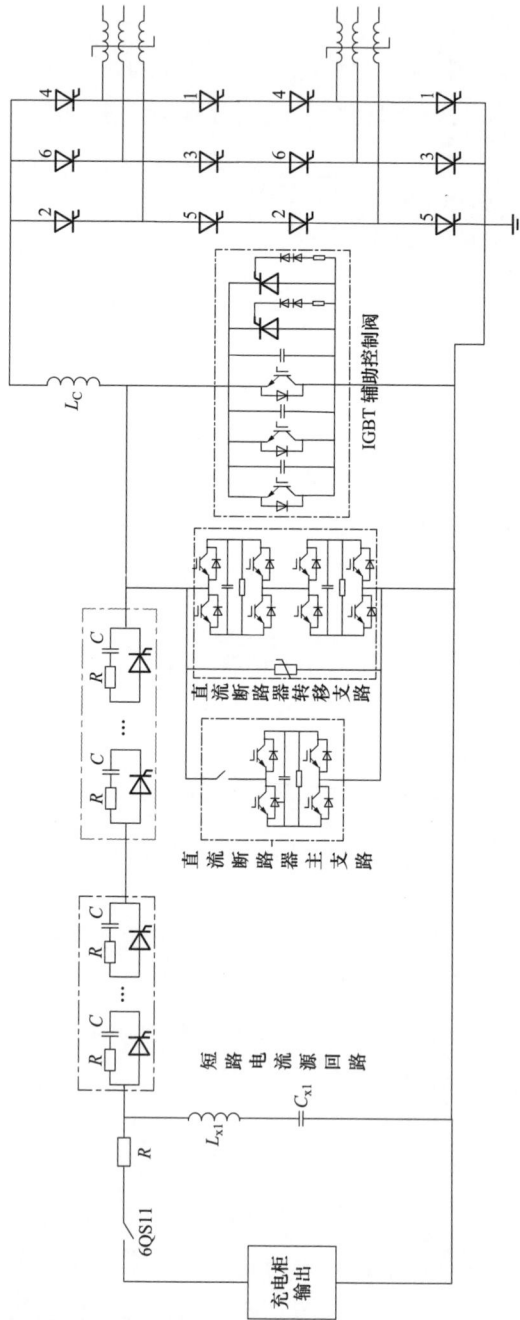

图9-2 直流断路器运行试验回路

（1）主支路最大连续运行及过负荷电流试验。

试验目的：检验主支路电力电子模块和快速机械开关的额定通流能力及过负荷能力。

试验方法：将试品接入恒流源来考核主支路的最大连续运行及过负荷能力。

试验判据：最大连续运行试验电流应不低于直流断路器应用系统可能出现的最大连续直流电流，并考虑适当的安全系数。过负荷电流试验中，试验时间应不低于10min，试验电流值计算依据如下：

$$I_2 = I_N \times k_1 \times k_2 \times k_3 \tag{9-1}$$

式中　I_2——试验电流；

　　　I_N——实际系统额定电流；

　　　k_1——试验系数，取 1.05；

　　　k_2——实际系统的过负荷系数，取 1.5；

　　　k_3——冗余系数。

试验完成后不应发生部件损坏或者失效。

（2）主支路短时电流耐受试验。

试验目的：检验主支路电力电子模块和快速机械开关短时电流耐受能力。

试验方法：将试品接入合成电流回路来考核主支路的短时电流耐受能力。

试验判据：主支路在导通短时电流后，不允许发生部件损坏或者失效，IGBT 器件的结温应不超过 120℃。

（3）转移支路短时电流耐受试验。

试验目的：检验转移支路电力电子模块短时耐受电流能力。

试验方法：将试品接入谐振电流源来考核。试品为完整的转移支路。试品在耐受该电流后立刻关断。

试验判据：转移支路在导通短时电流并关断后，不允许发生部件损坏或者失效，IGBT 结温应不超过 120℃。

（4）小电流开断试验。

试验目的：考核直流断路器开断直流系统小电流的能力。

试验方法：整机接入试验系统，由试验系统产生试验电流，记录从主控系统发送开断指令开始到电流开始下降时刻的时间以及试验过程中的电流、电压波形。

试验判据：任何一次小电流开断试验，直流断路器各部分均按照正确逻辑动作，没有发生误动或拒动现象，无器件损坏。

（5）额定电流开断试验。

试验目的：考核直流断路器开断直流系统正常工作电流的能力，验证一次各主要部件和断路器自身二次控制保护设备整机集成性能，动作时序、开断时间等满足设计要求。

试验方法：整机接入试验系统，由试验系统产生试验电流，记录从主控系统发送开断指令开始到电流开始下降时刻的时间以及试验过程中的电流、电压波形。

试验判据：任何一次开断试验，直流断路器各部分均按照正确逻辑动作，没有发生误动或拒动现象，无器件损坏。

（6）短路电流开断试验。

试验目的：考核直流断路器开断直流系统短路电流的能力。

试验方法：整机接入试验系统，由试验系统产生试验电流，记录从主控系统发送开断指令开始到电流开始下降时刻的时间以及试验过程中的电流、电压波形。

试验判据：转移支路 IGBT 闭锁时的电流，应不小于上述试验方法中要求的开断电流值；耗能支路导通时，流过直流断路器的总电流应不小于上述试验方法中要求的开断电流值；从直流断路器接到分闸指令到完成开断（即试验电流开始下降）的时间小于 3ms（针对舟山工程的直流断路器）；任何一次开断试验，直流断路器各部分均按照正确逻辑动作，没有发生误动或拒动现象，无器件损坏。

（7）额定电流关合试验。

试验目的：验证直流断路器关合过程中耐受电流的能力，及断路器各支路合闸时序配合是否正确。

试验方法：检查试验系统主接线，检查各主要关键部件及控制保护设备均正常。由试验系统产生相应试验电流，记录从主控系统发送关合指令开始到断路器主支路流过关合电流时间以及试验过程中的电流、电压波形。

试验判据：任何一次额定电流关合试验，直流断路器各部分均按照正确逻辑动作，没有发生误动或拒动现象，无器件损坏。

（8）重合闸试验。

试验目的：验证直流断路器开断短路故障后，系统要求快速重合，但所在线路故障未消除，断路器需再次开断短路电流的能力。

试验方法：检查试验系统主接线，检查各主要关键部件及控制保护设备均正常。加载 2 次试验电流，间隔 t_a，记录从主控系统发送开断指令开始到电流开始下降时刻的时间以及试验过程中的电流、电压波形。

试验判据：直流断路器各部件及本体保护正常动作；任何一次重合闸试验，直流断路器各部分及本体保护均按照正确逻辑动作，没有发生误动或拒动现象，无器件损坏；任何一次开断，转移支路 IGBT 闭锁时的电流应不小于上述试验方法中要求的开断电流值；任何一次开断，耗能支路导通时流过直流断路器的总电流应不小于上述试验方法中要求的开断电流值。

9.2.3　直流断路器绝缘试验

（1）对地直流电压及局部放电试验。

试验目的：考核直流断路器支架结构对地的直流耐压能力，验证直流断路器支架结构在规定直流电压下的局部放电水平是否达标。

试验方法：短接试品的进出主端子，短接的主端子与地之间从不大于 1min 试验电压的 50% 开始升压，升至 U_{tds1}，保持 1min，再降至 3h 试验电压 U_{tds2}，保持 3h，然后减到零。在最后 1h 测量局部放电，超过 300pC 的局部放电数目需要记录。用相反极性电压重复上述试验。在重复试验之前，将直流断路器支架短路并接地最少 2h。

试验参数如下：

$$U_{tds1} = k_1 k_t U_{dr}, U_{tds2} = k_2 k_t U_{dr} \qquad (9\text{-}2)$$

式中　U_{tds1}——1min 试验电压；

　　　U_{tds2}——3h 试验电压；

　　　U_{dr}——额定直流电压，此处为 535kV；

　　k_1、k_2——试验安全系数，这里 k_1 取 1.6，k_2 取 1.1；

　　　k_t——大气修正系数，取值按照 GB/T 16927.1 的规定。

试验判据：直流断路器对地能够耐受相应试验电压，不发生闪络或击穿；直流断路器各部分均不发生误动作，无器件损坏。

（2）对地操作和雷电冲击试验。

试验目的：考核直流断路器支架结构对地的冲击绝缘水平，验证直流断路器支架结构能够耐受所规定的操作和雷电冲击电压。

试验方法：在短接的两个主端子与地之间施加操作/雷电冲击电压，并记录试验电压波形。

试验判据：直流断路器对地能够耐受相应试验电压，不发生闪络或击穿；直流断路器各部分均不发生误动作，无器件损坏。

（3）端间直流电压试验。

试验目的：考核直流断路器端间直流耐压水平，验证各主要部件集成后绝缘水平是否能够达到要求。

试验方法：在试品两个主端子之间从不大于 1min 试验电压的 50% 开始升压，升至 U_{tds1}，保持 1min，再降至 1h 试验电压 U_{tds2}，保持 1h，并观察试验过程中是否有击穿或者闪络。

用相反极性电压重复上述试验。在重复试验之前，将直流断路器支架短路并接地最少 2h。

试验判据：直流断路器端间能够耐受相应试验电压，不发生闪络或击穿；直流断路器各部分均不能发生误动作，无器件损坏。

（4）端间操作和雷电冲击试验。

试验目的：考核直流断路器端间的冲击绝缘水平，验证各主要关键部件整机集成后绝缘水平是否能够达到要求。

试验方法：在两个主端子之间施加操作/雷电冲击电压，并记录试验电压波形。

试验判据：直流断路器端间能够耐受相应试验电压，不发生闪络或击穿；直流断路器各部分均不发生误动作，无器件损坏。

（5）湿态直流耐压试验。

试验目的：验证直流断路器在水冷管道发生漏水时的绝缘性能。

试验方法：直流耐压试验应在直流断路器结构顶部的一个组件发生冷却液体泄漏的情况下重复进行，泄漏量应不小于水冷系统设计的泄漏跳闸值。在施加试验电压时和在此之前至少 1h 内泄漏量应保持恒定，泄漏量为 15L/h，液体的电导率应比引发电导率报警定值高 5%。

试验判据：湿态直流耐压试验电压为规定的 3h 试验电压 U_{tds2}，试验时间为 5min。

9.3 控制保护系统的试验

柔性直流控制保护系统需要对控制保护性能及控制保护策略进行验证，试验合格且满足各项性能指标后才能正常投入运行。控制保护系统的试验包括出厂试验和现场试验。出厂试验是指通过数字仿真系统的接口设备与控制保护装置连接，构成闭环的测试系统，全面真实地反映控制保护系统实际的运行条件。通过出厂试验可以全面检查控制保护系统各组成部分的接口特性，全面测试控制保护系统的整体功能和性能。出厂试验不仅可以验证并优化设备的性能，也可以对设备之间的软硬件接口进行调试，大大减少现场的调试工作量、缩短现场调试时间、加快工程建设进程。在控保系统各设备现场安装完成后，需要进行现场试验。通过现场试验，验证实际系统连接正确，功能正常，具备投入正常运行条件。

9.3.1 控制保护闭环试验系统

柔性直流输电控制保护试验系统的试验对象为极控制保护主机和阀控主机。通过利用极控制保护主机作为控制保护系统仿真模拟的二次系统，阀控主机作为仿真模拟的 MMC 换流阀控制系统进行闭环仿真试验，验证控制保护主机系统功能完备性和性能精确性。

如图 9-3 所示，控制保护试验系统包括人机界面、极控制保护系统主机和阀控制保护系统（简称阀控系统）主机。RTDS 实时仿真系统用于模拟包括交流系统、换流阀和直流电缆在内的一次设备。人机界面主要包括服务器、运行人员工作站、工程师工作站、RTDS 运行人员工作站等。控制保护设备包括与现场实物一致的极控制保护系统主机 PCP 和阀控系统主机 VBC。

人机界面中，RTDS 运行人员工作站用于搭建、修改、编译仿真一次系统模型。运行人员工作站是换流站运行时运行人员的主人机界面和站监控数据收集系统，它通过站 LAN 网接收运行人员或远方调度中心/集控中心对换流站正常的运行监视和操作指令，实现对换流阀及相关一次设备异常运行工况的监视和处理，同时实现阀控系统、极控制保护系统的事件记录和事件报警、二次系统的同步和对时，以及直流控制系统参数（有功指令、无功指令等）的在线调整。

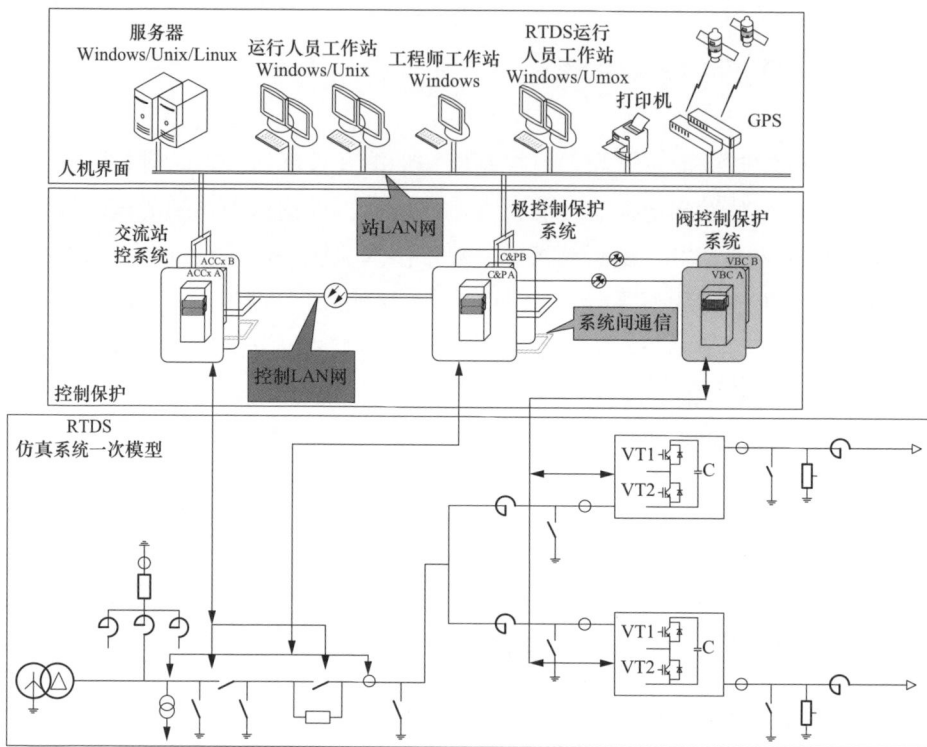

图 9-3　柔性直流输电控制保护试验系统框图

　　柔性直流输电控制保护试验系统整体连接方式为 PCP 通过光纤与阀控 VBC 相连，VBC 通过光纤与 RTDS 阀仿真装置相连。PCP 通过 I/O 接口与 RTDS 交流系统和直流线路仿真装置相连，RTDS 阀仿真装置通过通信仿真机与 RTDS 交流系统和直流线路仿真装置连接，实现数据交换。

9.3.2　控制保护系统的出厂试验

　　控制保护系统的出厂试验包含设备型式试验、闭环试验系统的控制保护功能试验。

　　1. 型式试验

　　（1）电磁兼容试验。控制保护系统电磁兼容试验项目包括：静电放电抗扰度试验、电快速瞬变脉冲群抗扰度试验、射频电磁场辐射抗扰度试验、浪涌（冲击）抗扰度试验、脉冲磁场抗扰度试验、工频磁场抗扰度试验、阻尼振荡磁场抗扰度试验、阻尼振荡波抗扰度试验、射频场感应的传导骚扰抗扰度试验、电压压降抗扰度试验、电压短时中断抗扰度试验、谐波抗扰度试验。

（2）环境试验。确定控制保护机箱在高、低温，不同湿度条件下贮存和工作的适应性，评价其安全性、完整性和性能受温度的影响程度。

（3）机械强度试验。验证确定控制保护机箱在振动、冲击、碰撞条件下无紧固件松动，无机械损坏现象，性能满足产品标准或技术条件的要求。

（4）绝缘性能试验。验证控制保护主机在绝缘电阻测试、介质强度试验、冲击电压试验条件下无击穿闪络及元件损坏现象，符合相关产品标准或技术条件的要求。

2. 控制功能试验

控制功能试验的主要目的为验证控制系统的功能、性能是否完备，是否符合标准要求，主要包括以下试验项目：

（1）顺序控制与联锁试验。具备顺序控制与联锁功能能够有效减少操作人员工作并且防止误操作。试验的主要目的是验证控制保护系统的开关、刀闸设备具备联锁功能，能够实现系统的平滑启动和停运，各种运行方式间能够正常切换，各种顺序操作下的事件记录能够正确显示。

（2）分接头控制试验。对于具有分接头调节功能的柔性直流输电系统，需验证联结变压器抽头控制策略，在自动控制和手动控制模式下变压器分接头的操作动作正确，返回命令事件；状态事件正确，运行人员界面显示的状态正确。

（3）自动监视与切换试验。针对控制系统具备双套冗余性及故障自监视功能，进行自动监视与切换试验，验证故障监视可靠准确，切换逻辑正确，切换时间符合要求。

（4）稳态性能试验。稳态工况校核试验验证每种运行方式下，系统能够控制电气量在相应的指令值，稳态误差满足相应技术规范的要求。

（5）动态性能试验。验证控制系统动态性能，在全工作范围内，有功功率、无功功率等的阶跃响应应快速且不对交流系统造成冲击。

（6）运行方式转换试验。为了提高柔性直流输电系统的可靠性，换流站具备灵活切换多运行方式（如有源 HVDC、无源 HVDC、STATCOM）的功能，通过运行方式的转换试验，得到功能验证。

（7）暂态试验。验证交流系统瞬时性故障情况下，控制系统的故障穿越能力。

（8）换流站单站投退试验。验证换流站单站在线投退时，控制系统能够准确、快速、可靠地投退换流站，减小对系统的冲击。

（9）直流故障恢复试验。验证直流线路出现故障，控制系统能够准确、快速、可靠地切除直流故障线路，健全系统重启动功能。

（10）附加控制试验。包括过压/欠压控制、有功功率控制（功率提升、功率回降）、交直流协调控制装置功能试验等，通过附加控制试验，可以检验附加控制对系统性能的优化。

3. 保护功能试验

保护功能试验验证控制保护系统在正常操作（如启停换流器、运行方式切换、升降功率）的过程中，所有的保护不误动。

保护系统涉及所有换流器区的保护，包括网侧交流系统保护、阀侧交流系统保护、换流器保护、直流母线保护、直流线路保护。通过保护功能试验，设置各个区域的故障，考核保护系统动作行为，故障在保护区时能够可靠根据动作时间定值动作，在区外可靠不误动。

9.3.3 控制保护系统的现场试验

多端柔性直流输电控制保护系统现场试验的目的是为了考核整个柔性直流系统的全部设备组建形成的输电系统的整体性能是否符合相关国家标准的规定，是否达到设备技术规范所保证的性能指标。通过现场试验，收集柔性直流输电系统安全稳定运行的各种必要数据和参量，培训有关生产管理和运行人员。

控制保护系统的现场试验包括分系统试验和系统联调试验。

1. 分系统试验

分系统试验针对单个换流站控制保护系统连接的阀控系统，水冷系统，交、直流场设备等，分别测试连接系统是否符合要求规范。

（1）控制保护系统与阀控系统试验。通过试验测试，保证控制系统与阀控系统收发调制波正常，值班信号正常，系统切换正常可靠，跳闸信号可靠执行等。

（2）控制保护系统与水冷系统试验。通过试验测试，保证控制保护系统与水冷系统收发信号正常，具备水冷请求降功率、请求跳闸及系统切换、启停水冷等功能。

（3）控制保护系统与交、直流场试验。通过试验测试，实现控制保护系统对交流场设备、直流场设备的开关量和模拟量的可靠采集和控制。

2. 系统联调试验

系统联调试验在分系统试验调试结束后，换流站内所有设备经过测试，具备带电条件，从这个阶段开始，一次设备将被通电，考核系统的整体综合性能。系统联调试验包含控制保护系统出厂试验的控制功能所有试验和保护功能所有试验，区别在于系统联调试验时，各设备为实际设备。系统联调试验的目的是验证各功能与出厂闭环试验结果相符合，现场具备投入安全生产运行条件。

参考文献

[1] 梁少华，田杰，曹冬明，董云龙，张建锋. 柔性直流输电系统控制保护方案 [J]. 电力系统自动化，2013，37（15）：59-65.

[2] 于钊，李兆伟，张怡，谭真，贺静波，崔晓丹，丁平，何飞，张剑云. 提高系统暂态稳定性的柔性直流受端电网故障穿越策略整定 [J]. 电力系统自动化，2018，42（22）：78-89.

[3] 姚为正，张浩，吴金龙，王先为，刘欣和，行登江，郝俊芳. 基于级联全桥型混合直流断路器的直流电网故障恢复策略研究 [J]. 高压电器，2018，54（12）：96-103.

[4] 刘黎，沈佩琦，杨勇，詹志雄. 舟山多端柔性直流输电系统换流阀技术 [J]. 浙江电力，2018，37（11）：16-22.

[5] 刘壮，胡治龙，同聪维，张腾，王奔，黄熹东，徐子萌. MMC 型电压源换流器阀运行试验研究 [J]. 高压电器，2018，54（09）：154-159＋165.

[6] 程铁汉，黄瑜珑，孙珂珂，马志华，张友鹏，钟建英. 高压直流转换开关和试验回路的研究 [J]. 高压电器，2014，50（12）：55-59＋65.

[7] 荣命哲，杨飞，吴翊，纽春萍，温家梁. 特高压直流转换开关 MRTB 电弧特性仿真与实验研究 [J]. 高压电器，2013，49（05）：1-5.

[8] 那虎，丁正平，孙晋峰，杨俊清，刘龙开，袁方，洪深. 高压直流输电用直流转换开关转换电流试验回路的分析与设计（2）[J]. 高压电器，2013，49（01）：92-95＋100.

[9] 那虎，丁正平，孙晋峰，杨俊清，刘龙开，袁方，洪深. 高压直流输电用直流转换开关转换电流试验回路的分析与设计（1）[J]. 高压电器，2012，48（11）：75-81.

[10] 李鸿达. 直流断路器工况中 IGBT 的关断特性测试与分析 [J]. 机电信息，2019（02）：6-7.

[11] 张军，吴金龙，王先为，姚为正. 模块化混合型直流断路器开断能力影响因素分析 [J]. 高压电器，2018，54（12）：204-211.

[12] 胡斌斌，刘黎明，袁召，何俊佳，岑义顺，周璇. 高压直流开断试验方法 [J/OL]. 高电压技术：1-6 [2019-01-24].

[13] 胡四全，何青连，范彩云，刘堃. 混合式直流断路器子模块杂散电感对子模块电压 的影响 [J]. 电器与能效管理技术，2018（22）：40-44.

[14] 沙彦超. 混合式高压直流断路器研究现状及试验技术综述 [A]. 全球能源互联网发 展合作组织、山东大学. 超/特高压直流输电技术会议论文集 [C]. 全球能源互联网 发展合作组织、山东大学：《全球能源互联网》编辑部，2018：10.

[15] 申笑林. 直流开关在柔性直流输电网中的应用 [A]. 全球能源互联网发展合作组织、 山东大学. 超/特高压直流输电技术会议论文集 [C]. 全球能源互联网发展合作组 织、山东大学：《全球能源互联网》编辑部，2018：6.

[16] 才利存，常忠廷，张坤，徐涛. 用于 VSC-HVDC 的混合式高压直流断路器运行试验 方法 [J]. 电力建设，2017，38（08）：10-16.

[17] 胡兆庆，董云龙，王佳成，汪楠楠，田杰，李海英. 高压柔性直流电网多端控制系 统架构和控制策略 [J]. 全球能源互联网，2018，1（04）：461-470.

[18] 方圆，胡兆庆，夏卫华. 模块化多电平柔性直流控制保护系统动模仿真研究 [J]. 智能电网，2016，4（06）：567-571.

[19] 李钢，田杰，董云龙，卢宇，汪楠楠，鲁江，王柯. 基于模块化多电平的真双极柔 性直流控制保护系统开发及验证 [J]. 供用电，2017，34（08）：8-16.